Heidelberger Taschenbücher Band 209

L. Jarass

Strom aus Wind

Integration einer regenerativen Energiequelle

Mit einer Einführung von
L. Hoffmann und G. Obermair

Mit 46 Abbildungen und 10 Tabellen

Springer Verlag
Berlin Heidelberg New York 1981

Dr. Lorenz Jarass VDI
Universität Regensburg

CIP-Kurztitelaufnahme der Deutschen Bibliothek:
Strom aus Wind: Integration einer regenerativen Energiequelle/L. Jarass.
Mit einer Einführung von L. Hoffmann und G. Obermair.
Berlin, Heidelberg, New York: Springer, 1981
ISBN-13:978-3-540-10436-0   e-ISBN-13:978-3-642-67877-6
DOI: 10.1007/978-3-642-67877-6

Das Werk ist urheberrechtlich geschützt. Die dadurch begründeten Rechte, insbesondere die der Übersetzung, des Nachdrucks, der Entnahme von Abbildungen, der Funksendung, der Wiedergabe auf photomechanischem oder ähnlichem Wege und der Speicherung in Datenverarbeitungsanlagen bleiben, auch bei nur auszugsweiser Verwertung, vorbehalten.
Die Vergütungsansprüche des § 54, Abs. 2 UrhG werden durch die „Verwertungsgesellschaft Wort", München, wahrgenommen.

© Springer-Verlag Berlin, Heidelberg 1981

Die Wiedergabe von Gebrauchsnamen, Handelsnamen, Warenbezeichnungen usw. in diesem Werk berechtigt auch ohne besondere Kennzeichnung nicht zur Annahme, daß solche Namen im Sinne der Warenzeichen- und Markenschutz-Gesetzgebung als frei zu betrachten wären und daher von jedermann benutzt werden dürften.

2362/3020-543210

Vorwort

Schon seit Jahrtausenden und bis zu Beginn dieses Jahrhunderts wurde die kinetische Energie des Windes durch Windmühlen in mechanische Energie umgewandelt. Dann ließen Dampfkraft und Dieselmotoren Windmühlen vorübergehend als überflüssig erscheinen. Ende der 70er Jahre wurde die Windenergie weltweit wieder entdeckt. Eine Reihe von Ländern hat mittlerweile umfangreiche Forschungs-, Entwicklungs- und Markteinführungsprogramme für Windkraftwerke beschlossen. So will die amerikanische Regierung von 1980 bis 1986 über eine Milliarde Dollar für Forschung, Entwicklung und vor allen Dingen für die Markteinführung von Windkraftwerken ausgeben, ein etwa ebenso großer Betrag wird aus privaten Investitionsmitteln bereitgestellt. Im Rahmen dieses Programms wird 1981 ein Windkraftanlagenpark mit etwa 10 MW installierter Leistung fertiggestellt, bis 1986 sollen mindestens 500 MW Windkraftwerksleistung installiert werden. In Hawaii wurde Ende 1980 der Bau von Windkraftanlagen mit einer installierten Leistung von insgesamt 80 Megawatt ausgeschrieben. Ein kalifornisches Energieversorgungsunternehmen legte 1980 als eines der ersten amerikanischen Energieversorgungsunternehmen detaillierte Planungen für die Installation von einigen 100 Megawatt Windkraftwerksleistung vor und beurteilte die technischen und wirtschaftlichen Möglichkeiten einer Umwandlung von Windenergie in elektrische Energie als sehr positiv. Ein entsprechender Vorschlag, der das Ergebnis einer von mir an der Stanford University, Kalifornien, durchgeführten Studie über Möglichkeiten der Windenergienutzung in Kalifornien war, wurde vom gleichen Unternehmen als technisch nicht machbar und wirtschaftlich nicht sinnvoll noch 1976 nachhaltig abgelehnt.

Die Ergebnisse einer Studie[1] der Internationalen Energieagentur

---

1 Windenergie: Eine systemanalytische Bewertung des technischen und wirtschaftlichen Potentials für die Stromerzeugung der Bundesrepublik Deutschland, durchgeführt im Auftrag der Internationalen Energieagentur (IEA). Von L. Jarass, L. Hoffmann, A. Jarass, G. Obermair, Berlin, Heidelberg, New York: Springer 1980. Siehe dazu auch Wind Energy: An Assessment of the Technical and Economic Potential. A Case Study for the Federal Republic of Germany, commissioned by the International Energy Agency. Berlin, Heidelberg, New York: Springer 1981

(IEA) zu den Möglichkeiten der Windenergienutzung in der Bundesrepublik Deutschland führten Anfang 1980 zu der folgenden Pressemeldung der associated press (ap): „Die Windenergie könnte nach den Worten von Bundesminister Hauff in der Bundesrepublik Deutschland mindestens soviel Strom wie die Wasserkraftwerke in das öffentliche Netz liefern und somit einen Anteil von etwa 8 % an der Elektrizitätsversorgung erreichen. Voraussetzung dafür sei aber, daß die von ihm finanziell geförderte Entwicklung großer Windenergieanlagen zum erhofften Erfolg führe."

Die deutschen Energieversorgungsunternehmen haben mittlerweile weitgehend ihre anfängliche Zurückhaltung bei der Windenergienutzung aufgegeben, drei große deutsche Energieversorgungsunternehmen (HEW, Hamburg, SCHLESWAG, Rendsburg und RWE, Essen) wollen mit finanzieller Unterstützung des Bundesministeriums für Forschung und Technologie ab 1981 einen ersten Prototypen einer großen Windkraftanlage (GROWIAN) mit 100 m Rotordurchmesser, 100 m Turmhöhe und 3 MW installierter Leistung bauen. Messerschmitt-Bölkow-Blohm will in Zusammenarbeit mit den Bremerhavener Stadtwerken einen Prototypen für eine große einflügelige Windkraftanlage mit 145 m Rotordurchmesser, 110 m Turmhöhe und 5 MW installierter Leistung bauen. Seit 1979 muß Strom aus Wind von den öffentlichen Energieversorgungsunternehmen abgenommen und entsprechend den Grenzkosten (nicht nur den Durchschnittskosten) der Stromerzeugung bezahlt werden. Der Gesetzgeber hat mittlerweile im Investitionszulagengesetz durch ausdrückliches Erwähnen der Windkraftwerke als begünstigungsfähige Kraftwerke deren Wichtigkeit dokumentiert.

Das vorliegende Buch soll Grundlagen für die in den nächsten Jahren zu erwartende Integration von Windkraftwerken in die allgemeine Stromversorgung liefern. Es sei sowohl dem Laien zum Verständnis von grundsätzlichen Fragen der Windenergienutzung als auch dem Energiefachmann zur Klärung anstehender Probleme empfohlen.

L. Hoffmann und G. Obermair, beide Universität Regensburg, sowie meiner Frau Anne sei für ihre wertvollen Kommentare und ihre intensive Unterstützung bei der Erstellung der vorliegenden Arbeit gedankt. E. Listl hat sich durch ihren nachhaltigen Einsatz beim Schreiben der vielen Manuskriptvorschläge besonders verdient gemacht. Dem Springer-Verlag sei gedankt für die vorzügliche Betreuung bei der Drucklegung.

Regensburg, im Dezember 1980   Lorenz Jarass

Inhaltsverzeichnis

Einführung XI

0 Wiederentdeckung der Windenergie 1
0.1 Historischer Rückblick 1
0.2 Situation seit der Ölkrise 2
0.3 Bisherige Einschätzung der Windenergie 5

Teil I Grundlagen der Windenergienutzung 8

1 Physikalisch-technische Grundlagen 8
1.1 Kinetische Energie 8
1.2 Potential der Windenergie 8
1.2.1 Bestimmungsgrößen für das Windenergiepotential 9
1.2.2 Flächenbedarf von Windkraftanlagen 10
1.3 Nutzungsmöglichkeiten der Windenergie 14
1.4 Umwandlung der kinetischen Energie in mechanische Energie 17
1.5 Zusammenhang zwischen Leistungsbeiwert und Schnellaufzahl 21
1.6 Zusammenhang zwischen Windgeschwindigkeit und Generatorleistung 22

2 Windkraftanlagen incl. Energiespeicher 27
2.1 Windkraftanlagen mit horizontaler Achse 28
2.1.1 Schnelläufer 28
2.1.2 Langsamläufer 32
2.2 Windkraftanlagen mit vertikaler Achse 34
2.2.1 Schnelläufer 34
2.2.2 Langsamläufer 35
2.3 Sonderformen 35
2.4 Kenngrößen von neuen Windkraftanlagen 36

2.5	Energiespeicher	41
2.5.1	Hydraulische Pumpspeicher	41
2.5.2	Luftspeicher	43
2.5.3	Sonstige Energiespeicher	46

Teil II Integration von Windkraftwerken in das Stromversorgungssystem 49

3	**Integrationsmodell**	49
3.1	Modellbeschreibung	50
3.2	Glättung von Windenergieschwankungen	56
3.3	Modellergebnisse	59
4	**Brennstoffeinsparung durch Windkraftwerke**	61
4.1	Windenergieproduktion	61
4.2	Bestimmung der Brennstoffeinsparung	63
5	**Einsparung von Kraftwerkskapazität durch Windkraftwerke (Kapazitätseffekt)**	68
5.1	Gesicherte Leistung von Kraftwerken	69
5.1.1	Erhöhung der gesicherten Leistung durch konventionelle Kraftwerke	69
	Exkurs: Theoretische Grundlagen der gesicherten Leistung	72
5.1.2	Erhöhung der gesicherten Leistung durch Windkraftwerke	77
5.2	Bestimmung des Kapazitätseffekts	80
	Exkurs: Erhöhung des Kapazitätseffekts durch Speicherkraftwerke	85
6	**Bewertung von Windkraftwerken**	88
6.1	Betriebswirtschaftliches Bewertungsverfahren	88
6.2	Bewertungsparameter	92
6.2.1	Lebensdauer von Windkraftwerken	94
6.2.2	Stromkosten und deren Steigerungsraten	96
6.3	Sensitivitätsanalyse	97
6.4	Sozialkosten-Nutzen-Analyse	100

7	**Ergebnisse für die Bundesrepublik Deutschland**	104
7.1	Ergebnisse I: Brennstoffeinsparung und eingesparte konventionelle Kraftwerksleistung (Kapazitätseffekt)	104
7.1.1	Zentrale Ergebnisse	105
7.1.2	Parametervariation	107
7.1.3	Bedeutung und Einsatz von Speichern	108
7.1.4	Anbindung der Windkraftwerke an das Netz	111
7.1.5	Möglicher Anteil der Windenergie an der Stromerzeugung	112
7.2	Ergebnisse II: Wert von Windkraftwerken	114
7.2.1	Anlegbare Bau- und Betriebsausgaben	114
7.2.2	Anlegbare Bauausgaben von GROWIAN	117

Teil III Verwirklichung der Windenergienutzung in der Bundesrepublik Deutschland 119

8	**Maßnahmen zur Durchsetzung von Windkraftwerken**	119
8.1	Staatliche Vorleistungen	120
8.2	Tarifstruktur und Einspeisungsrechte	123
8.3	Standortvorsorge	125
8.4	Rechtsfragen	126
8.5	Ausblick	127

9	**Literaturverzeichnis**	128
9.1	Zitierte Literatur	128
9.2	Tagungsberichte und Länderuntersuchungen	132

Sachverzeichnis 134

Einführung

Energie in der Gestalt von Energiedienstleistung kann als ein primärer Produktionsfaktor angesehen werden, der in mancherlei Hinsicht ähnliche ökonomische Eigenschaften wie der Produktionsfaktor Kapital aufweist. Sowohl Energieleistungen als auch Kapitalleistungen sind — ungleich den Produktionsfaktoren Arbeit und Boden — produzierbar, wobei Energie allerdings der Restriktion beschränkt verfügbarer fossiler Ressourcen und einer begrenzten Energiezufuhr von der Sonne unterliegt. Energie und Kapital sind international handelbar, sie sind heterogen, das heißt, sie treten in unterschiedlichen physischen Erscheinungsformen auf, und diese unterschiedlichen Erscheinungsformen sind in gewissen Grenzen sowohl wechselseitig als auch gegen die übrigen Produktionsfaktoren substituierbar. Die Frage, wie Produktionsfaktoren in der Erstellung von Gütern und Dienstleistungen eingesetzt werden sollen, hat die orthodoxe Wirtschaftswissenschaft seit jeher dahingehend entschieden, daß die relativen Einsatzverhältnisse der Faktoren sich nach ihren relativen Knappheiten zu richten hätten. Relative Knappheiten ergeben sich aus dem Zusammenspiel von Angebot und Nachfrage, das in funktionierenden marktwirtschaftlichen Systemen seinen Niederschlag in den relativen Faktorpreisen findet.

Veränderungen in den relativen Knappheiten von Produktionsfaktoren sind durchaus geläufige Erscheinungen im zeitlichen Wirtschaftsablauf. Ob sie rechtzeitig erkannt zu einer geräuschlosen Anpassung des Faktoreinsatzverhältnisses führen oder aber als Krisen dramatisiert werden, hängt im wesentlichen von drei Faktoren ab. Der erste ist das rechtzeitige Auftreten von Verknappungssignalen, etwa in der Form von Preisänderungen, der zweite ist die Anpassungsfähigkeit und Anpassungsbereitschaft an die veränderten Knappheiten und der dritte die wirtschaftliche und politische Macht der von der Knappheit besonders Betroffenen.

In der Weltwirtschaft der Nachkriegszeit haben sich solche Verknappungstendenzen bei verschiedenen Produktionsfaktoren bemerkbar gemacht. Die Entwicklungsländer beklagten sich über eine zunehmende Knappheit an Kapital, was in den Industrieländern häufig auf falsche Preissignale (zu geringer Preis für Kapital) und die Unfähigkeit zur Anpassung an andere Knappheitsrelationen, als sie in den Industrieländern vorherrschen, zurückgeführt wurde. Angesichts der geringen wirtschaftlichen und politischen Macht der Entwicklungsländer kam niemand auf die Idee, die dort herrschende Kapitalknappheit als eine Weltkapitalkrise anzusehen.

In Ländern wie der Bundesrepublik wandelte sich der Arbeitsüberschuß der unmittelbaren Nachkriegsära sehr bald in eine Knappheit an Arbeitskräften. Vermutlich war dies weniger die Folge einer unzureichenden Anpassungsfähigkeit der Produzenten als vielmehr von unzureichenden Knappheitssignalen auf dem Arbeitsmarkt. Von einer allgemeinen Arbeitskrise wurde wohl deshalb nicht gesprochen, weil einmal der rasch ansteigende Arbeitsimport (Gastarbeiter) die Knappheit milderte und zum anderen das politische Gewicht der von der Knappheit Profitierenden (Arbeitnehmer) demjenigen der von der Knappheit negativ Betroffenen (Produzenten) kaum nachstand.

Das, was seit 1974 als Energiekrise bezeichnet wird, hatte als Ausgangspunkt eine sich bereits seit längerem abzeichnende Verknappung bei einem Energieträger, dem Erdöl. Diese Verknappung war das Ergebnis eines durch sinkende reale Ölpreise beschleunigten Anstiegs der Nachfrage und einer unter anderem durch das Sinken der Ölpreise verstärkten Zurückhaltung bei Investitionen in neue Ölvorkommen. Hätte sich die Verknappungstendenz frühzeitig in allmählich steigenden Preisen bemerkbar gemacht, wären Substitutionsprozesse rechtzeitig eingeleitet worden, und es hätte das Wort Energiekrise vielleicht nie gegeben. Was die Verknappungstendenz krisenhaft erscheinen ließ, war nicht so sehr die Preissteigerung als solche, sondern ihr zeitlicher Verlauf und die sie begleitenden politischen Umstände. Der zeitliche Verlauf bestand bekanntlich in einer kurzfristig sehr starken Erhöhung der realen Preise, die allerdings, als allmählich die Nachfragereaktion einsetzte, wieder sanken. Der dann im Jahre 1979 erneut einsetzende steile Anstieg der realen Ölpreise war das Ergebnis einer weiteren Angebotsverknappung, teils aufgrund politischer Krisen (Iran), teils als Folge einer bewußten Politik zur Drosselung der Ölproduktion.

Daß man von Energiekrise und nicht von Ölkrise sprach, beruhte auf der kurzfristigen Reaktion der Energienachfrage, die durch Substitution den Verbrauch an Energieträgern den veränderten Knappheitsverhältnissen anzupassen suchte. Damit stiegen die Nachfrage und der Preis auch der anderen Energieträger, was den Eindruck einer allgemeinen Energieknappheit erweckte. Zur Krise dramatisiert wurde die Knappheit auch deswegen, weil die davon negativ Betroffenen zu den wirtschaftlich und politisch Mächtigen der Welt gehören, während die davon Profitierenden bislang nur eine marginale Rolle in der Weltpolitik spielten.

In einem auf Preissignalen basierenden Marktsystem ist es die Funktion steigender Preise, die Verbraucher zu der Überlegung zu veranlassen, ob sie sich nicht mit einer Einschränkung ihrer Nachfrage bei den betreffenden Produkten und einer Ausweitung bei anderen besser ständen. Die Produzenten andererseits sollen sich fragen, ob sie ihre Investitionen nicht verstärkt auf jene Güter verlagern, die relativ teurer geworden sind. Bei graduell steigenden Preisen werden so Zug um Zug Investitionen in die Produktion neuer Güter, die jetzt zu marktfähigen Kosten produziert werden können, interessant. Abrupte Preisanstiege bringen hingegen auf einen Schlag eine ganze Reihe neuer Optionen in die Diskussion, deren technisches und wirtschaftliches Potential zunächst unverstanden bleibt, da — in Zeiten niedriger Preise — niemand sie auf absehbare Zeit als eine diskussionswürdige Möglichkeit angesehen hat.

Die rationale Reaktion auf ein so entstandenes Informationsvakuum wäre eine Neubestimmung der relativen wirtschaftlichen Vorteilhaftigkeit aller — auch der bisher vernachlässigten — Optionen und die Ausrichtung der Investitionsentscheidungen nach einem derartigen Kalkül. In funktionsfähigen Wettbewerbsmärkten kann man erwarten, daß sich diese Rationalität letztendlich durchsetzt. In Märkten, in denen nur wenige Anbieter dominieren oder sogar Gebietsmonopole vorherrschen, wie z. B. auf dem deutschen Strommarkt, besteht hingegen die Gefahr, daß sich etablierte Interessen gegen die Rationalität durchsetzen. Wo kein neuer Produzent eine echte Chance hat, haben die bestehenden Produzenten nahezu ein Informationsmonopol. Besonders gravierend ist dieses Monopol, wenn es in einem Produktionsbereich wie der deutschen Elektrizitätswirtschaft auftritt, die zwar formal privat ist, aber in ihrem wirtschaftlichen Gebaren wesentliche Charakteristika öffentlicher Unternehmen aufweist, deren Monopolmacht durch gemischtwirtschaftliches Eigentum einerseits und gesetzliche Regelungen andererseits nahezu unangreifbar ist.

Mit dem Versuch, die technischen und wirtschaftlichen Möglichkeiten der Stromerzeugung aus Windenergie abzuschätzen, trägt die vorliegende Studie dazu bei, das im Bereich der Energieversorgung entstandene Informationsvakuum über die Vorteilhaftigkeit alternativer Optionen auszufüllen. Dabei wird Wirtschaftlichkeit ganz im

Sinne der ökonomischen Rationalität eines Investors verstanden. Konkret stellt sich die Frage, ob sich angesichts veränderter Preisrelationen sowohl zwischen den einzelnen Energieträgern als auch gegenüber den übrigen Produktionsfaktoren Investitionen in die Herstellung von Strom aus Wind lohnen. In einem Produktionsbereich, in dem die öffentliche Hand durch Forschungsförderung, Investitionsbeteiligung sowie gesetzliche und administrative Regelungen in einem Ausmaß Investitionen lenkt, wie es in der Elektrizitätswirtschaft der Fall ist, sollte allerdings die endgültige Beurteilung von alternativen Optionen nicht auf die einzelwirtschaftliche Perspektive beschränkt bleiben. Es spricht manches dafür, daß aus der gesamtwirtschaftlichen Perspektive die Stromerzeugung aus Windenergie mehr zusätzlich befürwortende als ablehnende Argumente gewinnt.

In dem noch geltenden deutschen Energiewirtschaftsgesetz von 1935 wird der Elektrizitätswirtschaft vorgeschrieben, die Versorgungssicherheit jederzeit zu gewährleisten, ein gesamtwirtschaftliches Ziel, das heute kaum mehr reflektiert und häufig einseitig interpretiert wird. Der Elektrizitätswirtschaft wurde damit eine einmalige Stellung in der Gesamtwirtschaft eingeräumt, die letztlich nur aus der strategischen Bedeutung der Stromerzeugung für das zum Zeitpunkt der Entstehung des Gesetzes aufrüstende nationalsozialistische Deutschland zu verstehen ist. Allein mit der Notwendigkeit für das Überleben kann diese Vorschrift sicher nicht begründet werden, da es dann auch gesetzliche Regelungen für Versorgungssicherheit bei anderen lebenswichtigen Gütern wie Grundnahrungsmitteln, Wohnraum und dergleichen geben müßte.

Die Elektrizitätsversorgungsunternehmen haben die Forderung nach Versorgungssicherheit stets als Verpflichtung zur Erstellung und Aufrechterhaltung eines technisch einwandfreien und den Schwankungen der Nachfrage jederzeit flexibel anpaßbaren Stromerzeugungssystems interpretiert. Daß die Versorgungssicherheit auch durch ausbleibende Importe wichtiger Energieträger gefährdet werden kann, wurde bis zu den ersten abrupten Ölpreiserhöhungen im Jahre 1973/74 — und in Kreisen der Elektrizitätswirtschaft teilweise scheinbar auch heute noch — kaum in Erwägung gezogen. Anders ist das starke Gewicht kaum zu verstehen, das der Stromerzeugung aus Kernenergie, bei der die Bundesrepublik zu 100 % importabhängig ist, und neuerdings auch derjenigen aus Importkohle eingeräumt wird. Die Windenergie bietet, wie alle in der Bundesrepublik potentiell verfügbaren erneuerbaren Energiequellen, unter diesem Gesichtspunkt die höchste Versorgungssicherheit.

Alle bisher genannten Argumente laufen darauf hinaus, daß die Frage nicht so lautet, ob Wind- oder Kernenergie oder ob Strom aus Wind oder aus fossil befeuerten Kraftwerken zum Einsatz kommen soll, sondern vielmehr, welches eine vernünftige Kombination unterschiedlicher Stromerzeugungsarten ist. Wenn man dem Gesichtspunkt der Versorgungssicherheit Rechnung tragen will, dann ist sicher auch daran zu denken, daß eine auf verschiedene Energieträger aufgefächerte Stromerzeugung gemäß der Volksweisheit — auf einem Beine steht man schlecht — eine größere Versorgungssicherheit gewährleisten dürfte als die schwerpunktmäßige Abhängigkeit von nur ein oder zwei Energieträgern.

Soll eine vernünftige Kombination unterschiedlicher Stromerzeugungsarten tatsächlich realisierbar werden, so müssen die neu hinzugekommenen Optionen weit detaillierter als bisher untersucht werden: Welchen möglichen Beitrag kann insbesondere der Wind, eine seit Beginn der Industrialisierung nur noch marginal genutzte und in diesem Sinne neue Energiequelle, zur Energieversorgung einer Industriegesellschaft leisten? Das Problem läßt sich in eine Reihe von aufeinander aufbauenden Fragen zerlegen:

— Wie groß ist das in einem bestimmten Territorium zu erwartende Gesamtaufkommen an prinzipiell nutzbarer Windenergie? (Abschätzung des natürlichen Potentials der Windenergie.)
— Welches ist der heutige Stand der technischen Entwicklung für die tatsächliche Umwandlung von natürlichem Windenergie-Angebot in Nutzenergie, und welche technische Ausbeute kann in absehbarer Zeit erwartet werden? (Abschätzung des technischen Potentials.)
— Wie läßt sich das prinzipiell starken und unregelmäßigen Schwankungen unterworfene Windenergie-Angebot mit der regelmäßig variierenden Energienachfrage in Einklang bringen? (Integration einer stochastischen Quelle.)
— Welches ist die optimale Einsatzstrategie einer regenerativen Energiequelle, die mit einem praktisch kostenlosen Betriebsmittel arbeitet und daher überwiegend nur mit Fixkosten (Investitionen) belastet ist? (Integration einer regenerativen Quelle.)
— Mit welchen Verfahren kann der Einsatz der Windenergie einzelwirtschaftlich so bewertet werden, daß ein objektiver Vergleich von Investitionen in diesem Bereich und im Bereich konventioneller Energiesysteme möglich wird? (Berechnung der anlegbaren Bau- und Betriebsausgaben von Windkraftwerken.)

Es handelt sich hier offenbar um grundsätzliche wissenschaftliche Fragestellungen, die soweit wie möglich beantwortet sein müßten, ehe tatsächlich Investitionsentscheidungen zugunsten der neuen Energiequelle Wind getroffen werden können. In der Tat liegen Ansätze zu Antworten nunmehr vor:

Das natürliche Potential der Windenergie in einer gegebenen Region läßt sich — bei im Prinzip bekannter Windtechnologie — nur aufgrund detaillierter meteorologischer Untersuchungen abschätzen, die erstmals in den letzten Jahren für eine Reihe von Ländern in Angriff genommen wurden. Die Anliegerstaaten von Nordatlantik und Nordsee haben demnach ein nicht unbeträchtliches Windenergie-Angebot in ihren Küstenregionen, während für Binnenregionen verläßliche Aussagen bisher noch ausstehen.

Die technische Entwicklung großer Windturbinen hat — auf dem Papier und in Gestalt einiger Prototypen — einen akzeptablen Stand erreicht: Horizontalachsenmaschinen mit drei, zwei oder einem Rotorblatt, Durchmessern von 50 bis 150 m und Generatorleistungen von einigen 100 kW bis zu einigen MW scheinen international als das derzeitige technische Optimum gefördert zu werden.

Von besonderem Gewicht sind die vorher aufgeworfenen Fragen zur Integration einer regenerativen und stochastischen Energiequelle, und zwar nicht nur für die Beurteilung der Windenergie, sondern für jede derartige Energiequelle, also auch für die Sonnenenergie.

Eine stochastische Energiequelle ist eine solche, bei der die Momentanleistung starken, unregelmäßigen, vor allem aber nur schwer und für längere Zeiträume überhaupt nicht prognostizierbaren Schwankungen unterliegt. Zwar kommen auch bei herkömmlichen, mit Brennstoffen betriebenen Energiequellen technisch bedingte Schwankungen und Ausfälle vor, doch lassen sich diese prinzipiell mit technischen Mitteln auf das wünschenswerte sehr geringe Maß reduzieren. Wolken vor der Sonne und Flauten im Wind sind dagegen technisch nicht zu beeinflussen und kaum vorherzusagen.

Aus diesem wesentlich stochastischen Charakter, der — zumindest auf den ersten Blick — im Widerspruch zu stehen scheint zu den Energieverbrauchsgewohnheiten von modernen Industriegesellschaften, ergibt sich also die Frage: Wie lassen sich stark und unregelmäßig schwankende Energiequellen in ein herkömmliches Energiesystem integrieren? Die überraschende Antwort ist die: Gerade wegen des überwiegenden Zufallscharakters der Schwankungen läßt sich im elektrischen Verbundnetz ein Windkraftwerk wie ein konventionelles Kraftwerk von allerdings geringerer Verfügbarkeit behandeln. Die

Versorgungssicherheit des Gesamtsystems wird — jedenfalls bei einem Windenergieanteil im 10 %-Bereich und bei richtiger Einsatzstrategie aller Kraftwerke — durch die Fluktuationen des Windes ebensowenig beeinträchtigt wie durch die zufälligen technischen Störungen eines einzelnen herkömmlichen Kraftwerks.

Regenerativ ist eine Energiequelle dann, wenn — in schlichter Übersetzung — ihr Betriebsmittel sich stets erneuert und somit, zumindest für alle praktischen Zwecke und absehbaren Zeiträume innerhalb der Lebensdauer unserer Sonne, unerschöpflich ist. Ist darüber hinaus das Angebot innerhalb relativ weiter Grenzen nicht ortsgebunden, im Gegensatz etwa zu der an Flußläufe und entsprechende Wasserrechte gebundenen Wasserkraft, so kann das Betriebsmittel im wesentlichen als freies Gut angesehen werden. (Die rechtliche Ausgestaltung der Nutzung von Wind- und Sonnenenergie steht erst am Anfang; doch selbst die Einführung irgendeiner Art von „Windrechten" oder „Sonnenrechten" würde an der geschilderten Lage wenig ändern.) Kapital- und Betriebskosten von Sonnen- oder Windenergieanlagen sind also mit einem völligen Überwiegen der ersteren anders verteilt als bei allen anderen herkömmlichen Energiesystemen. Dieser Umstand führt zu der Frage nach der wirtschaftlich optimalen Strategie und der kostenmäßigen Bewertung solcher Energiequellen. Bei ihrer Integration ist konsequent davon auszugehen, daß Windenergie wegen der nicht anfallenden Brennstoffkosten ganz überwiegend nur mit Fixkosten belastet ist; eine anfallende Stromproduktion aus Wind muß also wegen ihrer niedrigen Grenzproduktionskosten *vor* aller aus der Umwandlung von Brennstoffen gewonnenen elektrischen Energie eingesetzt werden.

Es bleibt die Frage nach der einzelwirtschaftlichen Wertung von Windkraftwerken. Der Wert eines Windkraftwerks ergibt sich als Barwert aller durch seinen Betrieb eingesparten Kosten herkömmlicher Kraftwerke und setzt sich demnach zusammen aus Brennstoffeinsparungen einerseits und der eingesparten herkömmlichen Kraftwerkskapazität (Kapazitätseffekt) andererseits. Beide sind über die projektierte Lebensdauer des Windkraftwerks mit den branchenüblichen Annahmen über Zinssatz, Kostensteigerung und vielen ähnlichen vergleichbaren Größen auf den Barwert umzurechnen. Als Ergebnis lassen sich die anlegbaren Kosten angeben, also der Preis, zu dem ein Windkraftwerk in einem bestimmten Jahr, z. B. 1985, produziert und aufgestellt werden müßte, um wirtschaftlich konkurrenzfähig zu sein.

Um die Antworten auf die oben genannten fünf Fragen zu vervollständigen, sollten schließlich auch plausible Kriterien für eine Berücksichtigung der unterschiedlichen Sozialkosten von regenerativen und nicht regenerativen Energiequellen entwickelt werden. Im Unterschied zu den fossilen und nuklearen Stromerzeugungsarten kennt die Windenergie keine Abwärme und keine Belastung der Atmosphäre mit Schadstoffen. Ob sie eine stärkere optische Belastung darstellt als fossil befeuerte Kraftwerke und eventuell einen lokalen Klimaeffekt hat, wird sich frühestens dann entscheiden lassen, wenn der erste größere Windkraftwerkpark in Betrieb genommen ist.

Die Zusammenfassung der Antworten, die in diesem Buch gegeben werden, könnte dann als politische Entscheidungsgrundlage in eine künftige Energiepolitik einfließen. Nun spielen bei Entscheidungen über technologische Alternativen neben quantitativen Kriterien gewiß in entscheidender Weise subjektive Urteile über Wertprioritäten, Wichtigkeit von Sozialkosten, ästhetische Fragen usw. hinein, die sich einer Quantifizierung mehr oder minder entziehen. Es drängt sich in der Tat der Eindruck auf, daß die Auseinandersetzung über die sogenannten ,,harten" und ,,weichen" Technologien bisher nur scheinbar mit quantitativen Argumenten geführt wurde, daß in Wahrheit aber qualitative Urteile, Werthaltungen, Lebensphilosophien einander entgegenstehen. Eine wissenschaftliche Arbeit vermag an dieser Lebenswahrheit gewiß nichts Grundsätzliches zu ändern, doch kann sie im günstigsten Fall erheblich zur Rationalität solcher Auseinandersetzungen beitragen. In diesem Sinne wünschen wir dem vorliegenden Buch einen großen, kritischen Leserkreis.

Regensburg, im November 1980　　　　　　　L. Hoffmann, G. Obermair

0 Wiederentdeckung der Windenergie

0.1 Historischer Rückblick

Schon seit Jahrtausenden und bis zu Beginn des 20. Jahrhunderts wurde die kinetische Strömungsenergie des Windes in mechanische Energie umgewandelt. Windmühlen trieben vor allem Mühlräder und Wasserpumpen an. So waren allein im Deutschen Reich 1914 rund 14 000 Windmühlen zum Getreidemahlen in Betrieb. Die für die niederländische Landgewinnung notwendige laufende Entwässerung von weiten Landstrichen war nur mit Hilfe von Zehntausenden von Windmühlen möglich. Durch Dampfkraft und Dieselmotoren wurde die Bedeutung der Windmühlen seit Beginn dieses Jahrhunderts mehr und mehr verringert, und ihre Anzahl nahm rapide ab.

In den 20er und 30er Jahren versuchte man Windkraftanlagen zur Stromerzeugung zu entwickeln, die sturmsicherer, weniger wartungsintensiv und effizienter als die seit Jahrhunderten verwendeten Windmühlen waren. Die mit viel Enthusiasmus, aber relativ bescheidener Kapitalausstattung unternommenen Versuche, Prototypen zur Stromerzeugung zu bauen, scheiterten entweder an den für alle Neuentwicklungen charakteristischen anfänglichen technischen Schwierigkeiten oder wurden aus wirtschaftlichen Gründen nicht weitergeführt. Die Idee einer Stromerzeugung aus Windenergie erschien den auf Kohle- und später Öl- und Kernkraftwerke festgelegten Kraftwerksingenieuren und Energieversorgungsunternehmen als so utopisch, daß eigentlich nie ein echter Versuch einer großtechnischen Umwandlung von Windenergie in elektrische Energie unternommen wurde. Bei den damals herrschenden niedrigen Brennstoffpreisen und weichen Umweltschutzbestimmungen konnte man überzeugt sein, daß selbst ohne alle technischen Probleme die Umwandlung von Windenergie in elektrische Energie nicht wirtschaftlich sein kann.

Die in den 20er und 30er Jahren insbesondere in den Vereinigten Staaten sehr stark verbreitete dezentrale kleintechnische Nutzung der Windenergie zur Stromerzeugung wurde durch den „Rural Electrification Act" von 1936 abrupt beendet: Im Rahmen der gewaltigen Arbeitsbeschaffungsmaßnahmen und des Baus großer bundeseigener Wasserkraftwerke wurden in der Roosevelt-Ära weitgehend aus staatlichen Mitteln Überlandleitungen gebaut und die verstreut liegenden Farmer an das Überlandnetz angeschlossen. Da der einzelne Farmer für diesen Leitungsbau nichts bezahlen mußte und fossile Brennstoffe zu sehr niedrigen Preisen in zentralen Kraftwerken verstromt werden konnten, mußte Windenergienutzung unwirtschaftlich werden.

Bei Ölpreisen (fob) von weniger als zwei Dollar pro Barrel Öl in den 50er Jahren[1] schien endgültig klar, daß regenerative Energiequellen wie Windenergie mit einem sehr hohen spezifischen Kapitalaufwand niemals wirtschaftlich sein können. In den 60er Jahren glaubte man zudem, mit Hilfe der Kernenergie sämtliche Energieprobleme lösen zu können.

0.2 Situation seit der Ölkrise

Im Gegensatz zu den 50er und 60er Jahren mit ihrem fast unbegrenzten Angebot an immer preiswerterer Primärenergie ist weltweit Anfang der 70er Jahre erstmals seit langer Zeit die Tendenz einer Verknappung, am meisten bei dem derzeit führenden Energieträger Erdöl, sichtbar geworden; vor allem aber konnten drastische Preissteigerungen des Erdöls von den Erzeugerländern durchgesetzt werden, denen wegen des beherrschenden Anteils dieses Energieträgers alle anderen fossilen und nuklearen Energieträger marktgesetzlich mit einer gewissen zeitlichen Verzögerung weitgehend folgen werden. Diese Tendenzen und Fakten haben zu einer ganz neuen, vielfach als bedrohlich angesehenen Rolle der Energie innerhalb der gesamten wirtschaftlichen Entwicklung geführt. Über solche Probleme hinaus, die die Industrieländer mehr oder minder gleichmäßig betreffen, sind bei der Energieerzeugung in einem dichtbesiedelten, relativ kleinen Land wie der Bundesrepublik Deutschland die Grenzen einer weiteren Umweltbelastung sowie ungelöste technische, wirtschaftliche und politische Probleme einer forcierten Kernkraftnutzung unübersehbar.

Diese neue Entwicklung ist zu sehen vor dem Hintergrund der traditionellen Zielsetzungen von Energietechnik, Energiewirtschaft und Energiepolitik, insbesondere im Sektor Stromversorgung, wie sie für Deutschland — bis heute gültig — im Energiewirtschaftsgesetz von

---

[1] Im September 1970 betrug der von den Ölgesellschaften an die Förderländer tatsächlich bezahlte Preis (fob) für Rohöl der Referenzqualität (Saudi-Arabien light, 34°) etwa 1 US-$ pro Barrel

1935 formuliert sind: Versorgungssicherheit zu möglichst günstigen Preisen zu garantieren, ist demnach die Aufabe der Energiewirtschaft. Eben dieses, nämlich eine sichere und preisgünstige Energieversorgung, insbesondere Stromversorgung, ist auch bis heute das erklärte Ziel der Energiepolitik (vgl. etwa Energieprogramm der Bundesregierung vom 3. 10. 1973), wobei die Berücksichtigung einer akzeptablen Umweltbelastung zu diesen Zielen hinzugenommen wurde.

Versorgungssicherheit müßte dabei angesichts der Weltlage auf dem Energieträger-Markt zunehmend auch als Reduzierung oder zumindest Diversifizierung der Auslandsabhängigkeit gesehen werden.

Auszufüllen waren diese Ziele im Rahmen der tatsächlichen Entwicklung des Energieverbrauchs, für den seit Jahren eine Reihe von offiziösen und offiziellen Projektionen vorliegen. Obwohl diese langfristigen Schätzungen des Energiebedarfs seit 1970 mehrfach nach unten korrigiert werden mußten, wird auch nach den relativ neuesten amtlichen Projektionen der Bundesregierung (z. B. [1, S. 135 ff.]) der Primärenergieverbrauch weiter wachsen, wobei allerdings die Zuwachsrate von 3,5 % im Jahr 1980 auf 0,6 % im Jahr 2000 sinken soll[2].

Unter der Annahme eines relativ geringen durchschnittlichen gesamtwirtschaftlichen Wachstums von etwa 3 %/a bis 1990, Sättigungstendenzen beim Verbrauch und sparsamer, rationeller Stromverwendung wird die Zuwachsrate des Stromverbrauchs gemäß diesen amtlichen Projektionen zwar abnehmen; sie soll aber immerhin zwischen 1975 und 1985 noch bei gut 5 %/a und zwischen 1985 und 1990 noch bei gut 3,5 %/a liegen. Die gesamte in der Bundesrepublik Deutschland installierte Kraftwerksleistung soll von 74 GW im Jahr 1975 auf 110 GW im Jahr 1985 und auf 125 GW im Jahr 1990 steigen. Die zusätzlich installierte Leistung soll wesentlich aus Kernkraftwerken bestehen, deren Anteil an der installierten Leistung von 5 % im Jahr 1975 auf rund 30 % im Jahr 1990 anwachsen soll. Sämtliche alternativen regenerativen Energiequellen wie Sonnenenergie, Windenergie, Biogas etc. werden gemäß dieser für die offizielle Energiepolitik in der Bundesrepublik Deutschland zentralen Untersuchung selbst im Jahre 1990 noch deutlich unter 1 % zum Primärenergieaufkommen beitragen.

Hinsichtlich Preisgünstigkeit, Versorgungssicherheit und Umweltbelastung hat die bisherige Entwicklung allerdings die Bundesrepu-

---
2 In diesem Zusammenhang soll nicht darauf eingegangen werden, ob Wirtschaftswachsum einen wachsenden Endenergieverbrauch und dieser wiederum einen wachsenden Primärenergieverbrauch notwendigerweise bedingt

blik Deutschland kaum der Verwirklichung der im Energieprogramm genannten Ziele nähergebracht:
— Während seit Kriegsende die realen Strompreise zunächst ständig gesunken sind, ist seit 1974 ein kräftiger Anstieg zu beobachten. Die für den Vergleich und die Bewertung alternativer Stromversorgungssysteme relevanten Grenzproduktionskosten werden sich für kohlebefeuerte Kraftwerke im Zeitraum 1977 bis 1985 real um mehr als 40 % und für Kernkraftwerke real um etwa 100 % erhöhen [2]. Die Berechnungen dieser für den Kostenvergleich zwischen Kohle- und Kernenergie insbesondere von den Energieversorgungsunternehmen und von Regierungsstellen allgemein anerkannten und immer wieder verwendeten Studie des Energiewirtschaftlichen Instituts an der Universität Köln haben noch nicht berücksichtigt, daß die Preise für Importkohle seit 1977 erheblich stärker gestiegen sind als mit 1,8 %/a real angenommen und auch die Kosten für die Wiederaufbereitung und Endlagerung von Kernbrennstoffen vermutlich ganz erheblich höher liegen werden als angenommen.
— Die Auslandsabhängigkeit der Energieversorgung nimmt immer beängstigendere Ausmaße an. Wurden 1965 erst 33 % des Primärenergieverbrauchs importiert, so waren es 1978 bereits 59 % und bis 1990 ist gemäß den amtlichen Projektionen ein Anstieg der Auslandsabhängigkeit auf über 65 % zu erwarten [1, S. 130 bzw. S. 138]. Eine derartige immense Auslandsabhängigkeit bedeutet eine erhebliche Gefährdung der Energieversorgung insbesondere in Krisensituationen. Der gesamte geplante Produktionszuwachs im Stromsektor soll durch Importenergien wie ausländische Kohle und Uran gedeckt werden.
— Die durch die Stromerzeugung bedingte Umweltbelastung steigt ständig an. Abwärme, Abgase, Schadstoffe etc. haben trotz einer Vielzahl umweltschützerischer Einzelmaßnahmen insbesondere in Ballungszentren bereits eine so hohe Konzentration erreicht, daß die absoluten Grenzen der Gesamtbelastung demnächst erreicht werden und in Einzelfällen bereits überschritten sind.

Die reale Entwicklung der Versorgung der Bundesrepublik mit Energie und insbesondere mit elektrischer Energie ist also durch folgende Kenngrößen gekennzeichnet:
— stark steigende reale Grenzproduktionskosten,
— stark wachsende Auslandsabhängigkeit und
— stark steigende Umweltbelastung.
Diese Entwicklung steht in offenbarem Widerspruch zu den bisher

formulierten Grundzielen der Energiepolitik, nämlich eine sichere und preisgünstige Energieversorgung unter Berücksichtigung einer akzeptablen Umweltbelastung zu garantieren. Die derzeit in der Bundesrepublik Deutschland verfolgte Politik insbesondere bei der Stromversorgung gewährleistet offensichtlich weder eine sichere noch eine preisgünstige Energieversorgung und belastet zudem die Umwelt immer stärker.

Angesichts dieser Diskrepanzen und der unübersehbaren Bedrohungen der wirtschaftlichen Entwicklung ist es nicht verwunderlich, daß seit einigen Jahren — wenngleich zunächst sehr zögernd — die theoretische und praktische Untersuchung von alternativen Energieträgern wieder aufgenommen wird. Existiert neben dem herkömmlichen Energiesystem ein unerschöpfliches, heimisches Energieangebot von nicht verschwindend geringer Größe, das zu technisch und wirtschaftlich akzeptablen Bedingungen nutzbar gemacht werden kann?

0.3 Bisherige Einschätzung der Windenergie

Windenergie als regenerative Energiequelle kennt weder Abfallprobleme, noch Abwärmeprobleme, noch Brennstoffpreissteigerungen und verursacht keinerlei Importabhängigkeiten. Windenergie entspricht also in wesentlichen Punkten den oben mehrfach genannten energiepolitischen Zielvorstellungen.

Vor einer Entscheidung über die Nutzung der Windenergie müssen drei Problemkreise näher untersucht werden:
— Hat Windenergie ein ausreichend großes Potential?
— Ist die Umwandlung von Windenergie in Nutzenergie technisch machbar?
— Ist die Windenergienutzung wirtschaftlich konkurrenzfähig?

Die Bundesregierung gibt das technisch nutzbare Potential der Windenergie für die Bundesrepublik Deutschland mit etwa 220 TWh/a an; das sind etwa 70 % der Bruttostromerzeugung in der Bundesrepublik Deutschland im Jahr 1975 [3][3]. In welchem Umfang dieses Potential tatsächlich genutzt wird, hängt vor allem von der relativen Wettbewerbsfähigkeit der Windenergie ab. Von der technischen Seite her stehen einer weitgehenden Ausschöpfung dieses Potentials noch die hohe Anzahl der erforderlichen Windkraftanlagen (etwa 20 000 bis 30 000) entgegen. Selbst wenn man davon ausgeht, daß nur ein verhältnismäßig kleiner Prozentsatz des technisch nutz-

---

3 Dies ist in akzeptabler Übereinstimmung mit eigenen Abschätzungen; vgl. [5] sowie Kapitel 7

baren Potentials, sagen wir 10 %, in einer ersten Ausbaustufe tatsächlich auch genutzt würde, wäre der Beitrag der Windenergie zur Stromerzeugung bereits so groß wie der Beitrag der Wasserkraft 1980 in der Bundesrepublik Deutschland.

Die in den letzten Jahren gebauten Prototypen von Windkraftanlagen zeigen, daß die Umwandlung von Windenergie in Nutzenergie technisch machbar ist. Anlagen bis zu mehreren hundert Kilowatt installierter Leistung laufen bereits seit einigen Jahren in den USA, Canada, Dänemark und einigen anderen Ländern. Fast alle für die Nutzung der Windenergie benötigten technischen Kenntnisse und Fähigkeiten sind derzeit bereits verfügbar, wenn auch noch nicht alle technischen Probleme ganz befriedigend gelöst sind.

Die realen Grenzkosten der Stromerzeugung werden gemäß den Prognosen von amtlichen Forschungsinstituten in den 90er Jahren um ein Mehrfaches über den heutigen liegen, siehe dazu auch Kapitel 6. Die Wettbewerbsfähigkeit der Windenergie muß an diesen langfristigen Grenzkosten gemessen werden. Erste überschlagsmäßige Kostenschätzungen für eine großtechnische Umwandlung von Windenergie in elektrische Energie, die u. a. von norddeutschen Energieversorgungsunternehmen durchgeführt wurden, führten zu dem Ergebnis, daß Windenergie bereits Mitte der 80er Jahre durchaus wirtschaftlich konkurrenzfähig sein könnte [4—6]. Das gilt insbesondere für windgünstige Standorte an der Nordseeküste.

Eine erste Beschäftigung mit Windenergie ergibt also, daß Windenergie ein ausreichend großes Potential hat, die Umwandlung von Windenergie in Nutzenergie grundsätzlich technisch machbar ist und die Windenergienutzung der wirtschaftlichen Konkurrenzfähigkeit schon relativ nahe ist; als eine von mehreren Energiequellen könnte die Windenergie bereits Ende der 80er Jahre und danach einen wichtigen Beitrag zur Sicherung der Energieversorgung bei minimalen Umweltbelastungen leisten[4]. Eine Erarbeitung der wissenschaftlichen Grundlagen für eine verbesserte Abschätzung der technischen und wirtschaftlichen Möglichkeiten einer Umwandlung von Windenergie

---

4 In den USA werden 1980 über 100 Mio. Dollar für Windenergieforschung und Markteinführung von Windkraftanlagen aufgewendet. Eine Reihe von Energieversorgungsunternehmen erprobt auf eigene Kosten Windkraftanlagen. Dem amerikanischen Kongreß liegt ein Gesetzentwurf vor, der eine Milliarde Dollar aus Steuermitteln und einen nicht unerheblichen zusätzlichen Betrag aus Privatmitteln für den Bau von Windkraftwerken mit einer Kapazität von 800 MW bis 1985 vorsieht, vgl. dazu auch Kapitel 8. Ähnliche Entwicklungen zeichnen sich in einer Reihe von weiteren Ländern, u. a. auch in Deutschland, ab

in Nutzenergie, insbesondere in elektrische Energie, erscheint deshalb angebracht.

Die vorliegende Untersuchung erläutert in einem ersten Teil die physikalisch-technischen Grundlagen der Windenergienutzung. Daneben werden technische und wirtschaftliche Kenngrößen von Windkraftanlagen und Energiespeichern dargestellt.

In einem zweiten Teil werden wirtschaftliche und organisatorische Fragen bei der Integration von Windenergie in das bestehende Stromversorgungssystem behandelt; insbesondere werden theoretische Grundlagen für die Bestimmung und Bewertung von Windenergieumsätzen erarbeitet. Daran anschließend werden zentrale Ergebnisse für die Bundesrepublik Deutschland dargestellt und Vorschläge für die Weiterentwicklung der Windenergienutzung unterbreitet.

Teil I

Grundlagen der Windenergienutzung

1 Physikalisch-technische Grundlagen

1.1 Kinetische Energie

Die Bewegungsenergie (kinetische Energie) einer bewegten Masse m steigt mit dem Quadrat ihrer Geschwindigkeit v nach der Formel

$$E = \frac{1}{2}mv^2 \text{ [Nm]}^1. \tag{1}$$

Strömende Luft stellt eine bewegte Masse dar. Bewegt sich ein Luftvolumen V der Dichte ϱ mit der Masse $m = \varrho V$, so beträgt seine kinetische Energie

$$E = \frac{1}{2}\varrho Vv^2 \text{ [Ws]}. \tag{2}$$

Die Luftdichte ϱ hängt wesentlich vom Luftdruck und von der Temperatur ab, wobei Luftdruck und Temperatur bei gegebener Wetterlage mit zunehmender Höhe abnehmen. Beim physikalischen (technischen) Normalzustand eines Gases von 0° C und 1013,25 mb (20° C und 980,67 mb) beträgt die Luftdichte ϱ 1,2930 kg/m³ (1,1661 kg/m³). Bei Windenergierechnungen verwendet man üblicherweise als Luftdichte 1,2 kg/m³; diese Luftdichte ergibt sich beim Normalwert des Luftdrucks von 1,01325 bar und einer Temperatur von 20° C.

1.2 Potential der Windenergie

Ausgehend von der im Windfeld enthaltenen Strömungsenergie (natürliches Angebot, theoretisches Potential) läßt sich wie bei allen Energiepotentialen folgende Aufteilung vornehmen:

---

[1] In diesem Buch werden durchgängig die gesetzlichen Einheiten für die elektrische Leistung: Watt [W] und seine Vielfachen [kW, MW, GW, TW] verwendet. Für die elektrische Energie verwenden wir die gebräuchlichen Einheiten Kilowattstunde [kWh$_e$] und ihre Vielfachen (MWh$_e$, GWh$_e$, TWh$_e$]. Der Zusammenhang mit der mechanischen Energieeinheit Newtonmeter [Nm] ist gegeben mit 1 Nm = 1 J = 1 Ws, wobei allerdings bei thermischen Kraftwerken noch der thermische Wirkungsgrad η in die Umrechnung eingeht

— Als technisch nutzbares Windenergiepotential wird derjenige Teil des natürlichen Angebots an Windenergie bezeichnet, der gemäß den Naturgesetzen und entsprechend dem Stand der Technik maximal in nutzbare Energie umgesetzt werden kann.
— Als wirtschaftlich nutzbares Windenergiepotential wird derjenige Teil des technisch nutzbaren Windenergiepotentials bezeichnet, der mit einem im Vergleich zu den jeweils alternativ verfügbaren Energiequellen vertretbaren wirtschaftlichen Aufwand in Nutzenergie umgewandelt werden kann.

Bild 1.1 zeigt den Zusammenhang zwischen natürlichem Angebot an Windenergie und technisch bzw. wirtschaftlich nutzbarem Potential an Windenergie.

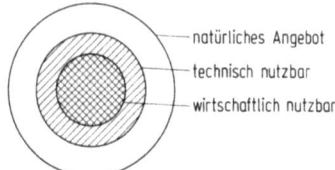

Bild 1.1. Potential der Windenergie

1.2.1 Bestimmungsgrößen für das Windenergiepotential

Für das natürliche Angebot an Windenergie (theoretisches Windenergiepotential) sind *allein* die Windverhältnisse in der betrachteten Region von Bedeutung. 1,5 % bis 2,5 % der auf die Erde eingestrahlten Sonnenenergie werden ständig in Strömungsenergie der Atmosphäre umgesetzt, das sind etwa $2,2 \cdot 10^7$ bis $3,7 \cdot 10^7$ TWh/a oder $2,6 \cdot 10^3$ bis $4,3 \cdot 10^3$ TW mittlere Leistung [7, S. 66—70]. Tabelle 1.1 gibt das natürliche Windenergieangebot, aufgeschlüsselt nach verschiedenen Weltregionen an.

Tabelle 1.1. Strömungsenergie des Windes (natürliches Angebot an Windenergie)

	Fläche 10^6 km²	E_{th} TWh/a	$E_{th}^{0,1}$ TWh/a
Welt	510	$2,2 \cdot 10^7 - 3,7 \cdot 10^7$	$6,6 \cdot 10^5 - 1,1 \cdot 10^6$
westl. Europa	2,9	$1,2 \cdot 10^5 - 2,1 \cdot 10^5$	$1,2 \cdot 10^4 - 2,1 \cdot 10^4$
EG	1,5	$6,6 \cdot 10^4 - 1,1 \cdot 10^5$	$6,6 \cdot 10^3 - 1,1 \cdot 10^4$
Bundesrepublik Deutschland	0,25	$1,1 \cdot 10^4 - 1,8 \cdot 10^4$	$1,1 \cdot 10^3 - 1,8 \cdot 10^3$

E_{th} natürliches Windenergieangebot der Atmosphäre
$E_{th}^{0,1}$ 10 % des natürlichen Windenergieangebots über der Landesoberfläche

Für das technisch nutzbare Windenergiepotential sind neben den Windverhältnissen (Jahresdurchschnitts-Windgeschwindigkeit in Nabenhöhe) zwei weitere zentrale Bestimmungsgrößen relevant:
— Flächenbedarf (Mindestabstand zwischen 2 Windkraftanlagen),
— technische Auslegung der Windkraftanlagen (Umwandlungseffizienz, spezifische Generatorleistung).

Die Windverhältnisse in den für eine großtechnische Windenergienutzung relevanten Höhen von 50 bis 200 m sind nicht genau bekannt, detaillierte Windgeschwindigkeitsmessungen aus diesen Höhen liegen nur für sehr kurze Zeiträume von wenigen Meßstationen vor. Die in der meteorologischen Referenzhöhe (meist 10 m über Boden) gemessenen Jahresdurchschnittswerte der Windgeschwindigkeit lassen sich jedoch nach allgemein üblichen Formeln zumindest in brauchbarer erster Näherung auf größere Höhen extrapolieren [8, S. 10 ff.], [9, S. 14 ff.], [10, S. 175 ff.]. Bei der Hochrechnung werden der Einfluß von Bodenrauhigkeit und thermischer Schichtung berücksichtigt. Daraus ergibt sich, daß die Jahresdurchschnitts-Windgeschwindigkeiten in Abhängigkeit von der geographischen Lage sehr stark schwanken, wobei generell in Küstengebieten höhere Jahresdurchschnitts-Windgeschwindigkeiten vorherrschen als im Binnenland [5, Kapitel 4]. Wegen der starken Variabilität der Windgeschwindigkeiten im Jahresdurchschnitt sollen diese bei den folgenden Potentialabschätzungen als Parameter eingehen.

Der Flächenbedarf von Windkraftanlagen ist wesentlich vom erforderlichen Mindestabstand zwischen den einzelnen Windkraftanlagen abhängig. Damit ist durch den Mindestabstand die Anzahl der maximal baubaren Windkraftanlagen pro gegebener Fläche eindeutig bestimmt. Die Ermittlung des Flächenbedarfs einer Windkraftanlage wird in Abschnitt 1.2.2 eingehend erläutert.

Die technische Auslegung der Windkraftanlagen orientiert sich für die jeweiligen Parameterwerte an einer nach heutigem Stand optimierten Technik, die auf dem in der Bundesrepublik Deutschland geplanten Prototyp einer großen Windkraftanlage (GROWIAN) basiert[2].

1.2.2 Flächenbedarf von Windkraftanlagen

Windkraftanlagen haben einen zweigeteilten Flächenbedarf:
— von der Windkraftanlage ausschließlich genutzte Fläche für Bauten und Zufahrtswege,

---

[2] Siehe Tabelle 2.1 in Abschnitt 2.4, genauere Angaben sind z. B. in [5, Abschnitt 5.2] zu finden

— für die Einhaltung von Mindestabständen zur Vermeidung wechselseitiger Abschattung benötigte Abstandsflächen.

Eine Windkraftanlage benötigt wie jedes andere Bauwerk eine bestimmte Bodenfläche, nämlich für die Erstellung des Turms, der Kontrollstation, sonstige Baulichkeiten und Zufahrtswege. Diese Bodenfläche ist für eine anderweitige Nutzung weitgehend verloren, sie soll als „verbaute Bodenfläche" bezeichnet werden. Für eine Windkraftanlage mit etwa 100 m Rotordurchmesser werden nach [11, S. 160] etwa 2 000 m^2 als verbaute Bodenfläche benötigt, nach [12, S. 164 bzw. S. 169] rund 20 000 m^2. Die erheblich höhere zweite Schätzung schließt im Gegensatz zur bei herkömmlichen Kraftwerken üblichen Betrachtungsweise sämtliche Zu- und Wegleitungen mit ein und berücksichtigt außerdem die gesamte Sicherheitszone als verbaute Bodenfläche. Die genaue Größe der verbauten Fläche pro Windkraftanlage ist für die Potentialabschätzung unerheblich, da der die Windenergienutzung beschränkende Faktor nicht die verbaute Fläche, sondern die um ein Vielfaches größere benötigte Abstandsfläche ist.

Die Abstandsfläche ist eindeutig bestimmt durch den erforderlichen Mindestabstand zwischen den einzelnen Windkraftanlagen. Durch die Einhaltung des Mindestabstandes wird die durch die umliegenden Windkraftanlagen bewirkte Abschattung vermindert bzw. ganz vermieden. Die Energieproduktion der im Windschatten liegenden Windkraftanlage wird dann nicht wesentlich beeinträchtigt. Der Größe des erforderlichen Mindestabstandes kommt deshalb so wesentliche Bedeutung zu, da eine Verdoppelung des erforderlichen Mindestabstandes ceteris paribus zu einer Verminderung des Potentials um 75 % führt, umgekehrt einer Halbierung des erforderlichen Mindestabstandes ceteris paribus eine Vervierfachung des technisch nutzbaren Potentials bedeutet (vgl. Gleichung (3) ff. in diesem Abschnitt).

Die in der Fachliteratur vertretenen Auffassungen bzgl. des erforderlichen Mindestabstandes sind sehr unterschiedlich; sie bewegen sich im Bereich 5- bis 20facher Rotordurchmesser. So wird z. B. in [12, S. 156] vom 12fachen Durchmesser ausgegangen. Andere Autoren, [13—15], versuchen mit Hilfe theoretischer Modelle einen quantitativen Zusammenhang zwischen Größe des Abstands und Höhe des Abschattungseffekts herzuleiten. In [16, S. 6] wird eine Windgeschwindigkeitsabminderung auf 99 %, 90 %, 80 % der ungestörten Luftströmung angegeben, falls der Abstand zwischen zwei Windkraftanlagen 18, 12, 6 Rotordurchmesser beträgt. Diese Angaben beruhen auf theoretischen Überlegungen und sind nur durch Versuche mit sehr kleinen Modellen abgestützt. In [17, S. J—6] wird eine Windgeschwindigkeitsabminderung auf 90 %, 88 %, 85 %, 77,5 % der ungestörten Luftströmung angegeben, falls der Abstand 20, 15, 10, 5 Rotordurchmesser beträgt. In [13, S. 27] wird zudem darauf hingewiesen, daß neben dem Abstand auch die Größe des Windkraftanlagenparks einen Einfluß auf die Stärke des Abschattungseffekts haben kann.

Die Beeinflussung von Luftströmungen durch Windkraftanlagenparks sowie die wechselseitige Beeinflussung von Windkraftanlagen sind zwar bereits grundsätzlich theoretisch untersucht, jedoch erscheinen die daraus resultierenden Abschätzungen noch als ungesichert. Insbesondere ist unklar, inwieweit eine präzise Abschätzung des Abschattungseffekts ohne Windkanalversuche an hinreichend großen, viele Einzelturbinen umfassenden Modellen möglich sein wird. Der tatsächliche Abschattungseffekt wird wohl erst durch eine Vermessung von Windkraftanlagenparks ermittelt werden können.

Für das technisch nutzbare Windenergiepotential ist neben der benötigten Abstandsfläche bzw. der daraus resultierenden Anzahl an Windkraftanlagen pro Flächeneinheit auch die Jahresenergieproduktion je Windkraftanlage von Bedeutung. Ist die insgesamt zur Verfügung stehende Abstandsfläche vorgegeben, so ist durch die Anzahl der installierten Windkraftanlagen deren Abstand festgelegt. Da die Höhe des Abschattungseffekts wesentlich vom Abstand zwischen den Windkraftanlagen abhängt, ist die Jahresenergieproduktion je Windkraftanlage ceteris paribus von der Anzahl der pro Fläche installierten Windkraftanlagen abhängig: Je mehr Windkraftanlagen pro Fläche installiert sind, desto weniger Energie produziert jede Windkraftanlage.

Die Maximierung der Energieproduktion pro Bodenfläche (Abstandsfläche) beinhaltet also einen Zielkonflikt: Einerseits sollen möglichst viele Windkraftanlagen pro Abstandsfläche installiert werden, andererseits soll der Abschattungseffekt möglichst gering sein. Die Windenergieproduktion pro Abstandsfläche wird dann maximiert, wenn der Grenzenergieertrag einer zusätzlichen Windkraftanlage gerade den Grenzenergiekosten, verursacht durch zusätzliche Windgeschwindigkeitsabminderung, entspricht.

Falls der Mindestabstand zwischen zwei Windkraftanlagen k Rotordurchmesser betragen soll, so benötigen n Windkraftanlagen, die gemäß Bild 1.2 in einem Dreiecksgitter aufgestellt sind, mindestens folgende Abstandsfläche F:

$$F = n \, (kd)^2 \frac{\sqrt{3}}{2}, \tag{3}$$

mit
- kd Mindestabstand zwischen zwei Windkraftanlagen, gegeben in k-fachen des Rotordurchmessers d,
- n Anzahl der Windkraftanlagen.

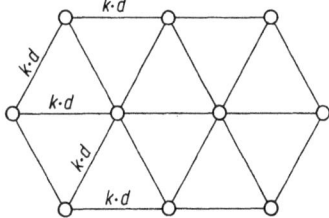

Bild 1.2. Optimale Aufstellung von Windkraftwerken (keine Hauptwindrichtung) Die benötigte Abstandsfläche F beträgt bei n Windkraftanlagen $F = n \, (kd)^2 \frac{\sqrt{3}}{2}$, wobei kd den benötigten Mindestabstand in k-fachen Rotordurchmesser angibt

Bei (3) wird davon ausgegangen, daß keine Hauptwindrichtung vorherrscht und deshalb der Mindestabstand gemäß Bild 1.2 nach allen Seiten hin eingehalten werden muß.

In der Praxis wird es nicht möglich sein, die Aufstellung der Windkraftanlagen nach dem in Bild 1.2 gezeigten optimalen Schema vorzunehmen. Die örtlichen topographischen, geographischen, energiewirtschaftlichen und infrastrukturellen Verhältnisse werden eine derartige, die Abstandsfläche minimierende Anordnung nur selten erlauben. So wird der Bau von Windkraftanlagen innerhalb von Ortskernen generell nicht in Frage kommen, Straßen und Hochspannungsnetze werden nur eine suboptimale Aufstellung der Windkraftanlagen erlauben. Demzufolge wird die benötigte Abstandsfläche größer sein als in (3) berechnet.

Bei vorgegebener Abstandsfläche F gibt (4) die Anzahl der maximal baubaren Windkraftanlagen an:

$$n = F / [(kd)^2 \frac{\sqrt{3}}{2}], \quad n \text{ ganzzahlig}. \tag{4}$$

Die Einhaltung des erforderlichen Mindestabstands nach allen Seiten ist nur dann erforderlich, wenn keine dominierende Hauptwindrichtung existiert. Kommt nun z. B. der überwiegende Teil der Winde aus westlichen oder östlichen Richtungen, so braucht der Abschattungseffekt nur bezüglich der Ost-West-Richtung berücksichtigt werden. Entlang der Nebenwindrichtung kann die Aufstellung der Windkraftanlagen wie in Bild 1.3 enger erfolgen.

Die für n Windkraftanlagen benötigte Abstandsfläche ergibt sich nun mit

$$F = nkd^2. \tag{5}$$

Die pro Abstandsfläche F maximal baubare Anzahl an Windkraftanlagen ergibt sich damit mit

$$n = F/(kd^2), \quad n \text{ ganzzahlig.} \tag{6}$$

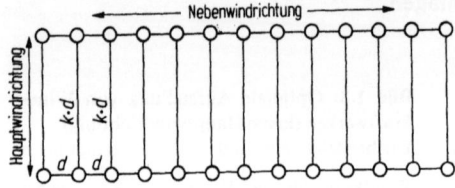

Bild 1.3. Optimale Aufstellung von Windkraftwerken bei Vorherrschen einer Hauptwindrichtung

Bei Existenz einer Hauptwindrichtung kann die Zahl der Windkraftanlagen pro Flächeneinheit um einen Faktor bis zu $0{,}87\,k$ gesteigert werden gegenüber dem Normalfall ohne Existenz einer dominierenden Hauptwindrichtung[3].

1.3 Nutzungsmöglichkeiten der Windenergie

Die in Bild 1.4 gezeigten Möglichkeiten der Windenergienutzung lassen sich nach verschiedenen Merkmalen klassifizieren:
— Direkte versus indirekte Nutzung: Der Antrieb einer mechanischen Pumpe oder eines Mahlwerks („Windmühlen") wird als Direktnutzung der Windenergie bezeichnet. Im Gegensatz dazu wird der Antrieb eines elektrischen Generators zur Stromerzeugung als indirekte Nutzung der Windenergie bezeichnet.
— Großtechnische versus kleintechnische Nutzung: In der Vergangenheit wurde Windenergie nur kleintechnisch mittels Windkraftanlagen mit kleinen Durchmessern bis zu etwa 10 m und installierten Leistungen bis zu maximal etwa 10 kW zum Antrieb von Pumpen, Mahlwerken und kleinen Generatoren genutzt. Zukünftig ist neben dieser kleintechnischen auch eine großtechnische Windenergienutzung mittels sehr großer Windkraftanlagen mit bis zu 150 m Durchmesser und bis zu 10 MW installierte Leistung je Windkraftanlage zur Stromerzeugung geplant.
— Zentralisierte versus dezentralisierte Windenergienutzung: Die großtechnische Umwandlung von Windenergie in elektrische Energie wird zentralisiert durch sehr große, meist vom Verbraucher weiter entfernte Windkraftwerke durchgeführt, die an das

---
[3] An der deutschen Nord- und Ostseeküste existieren keine stark ausgeprägten Hauptwindrichtungen; in Ansätzen existierende leicht dominierende Windrichtungen wechseln von Jahr zu Jahr, siehe [5, Abschnitt 4.2.5]

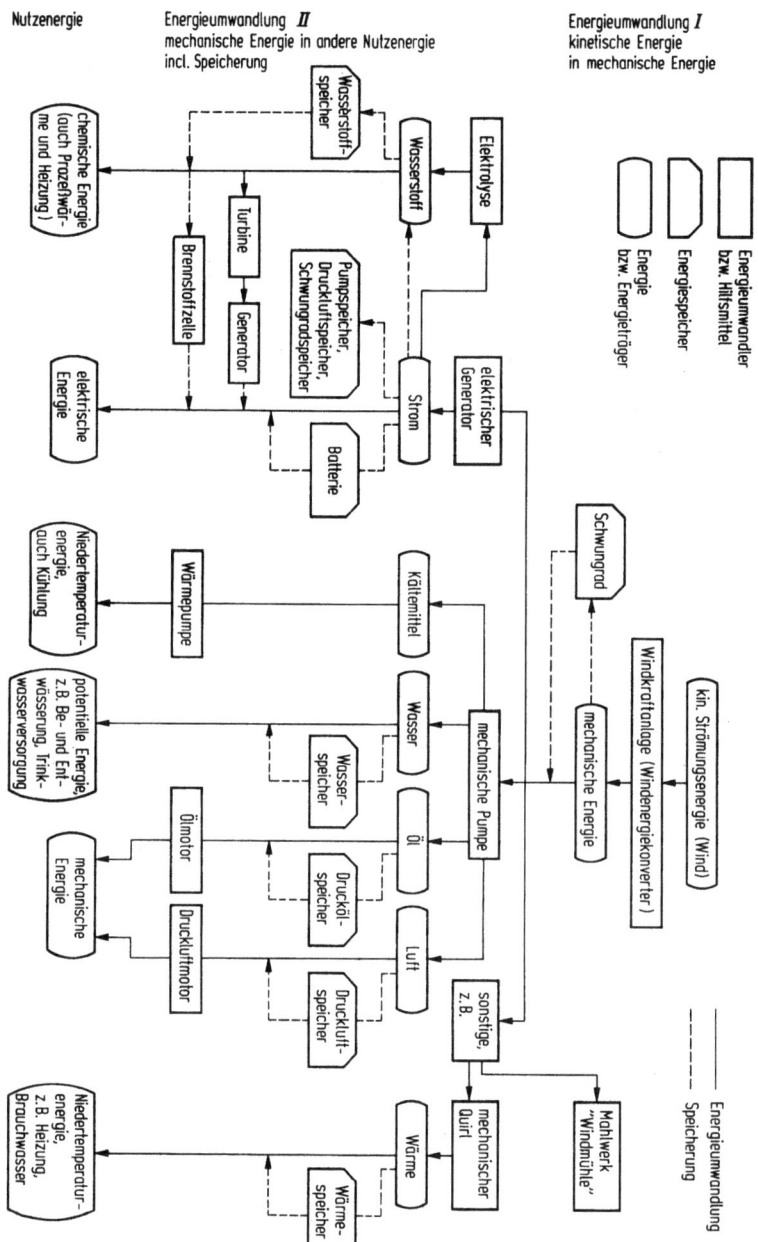

Bild 1.4. Nutzungsmöglichkeiten der Windenergie

allgemeine Versorgungsnetz angeschlossen sind. Die kleintechnische Nutzung von Windenergie wie Pumpenantrieb und Antrieb kleinerer elektrischer Generatoren wird im allgemeinen in dezentralisierter Form, also an vielen über das ganze Land verstreuten Orten, durch kleine, meist direkt beim Verbraucher installierte Windkraftanlagen durchgeführt.

— Inselbetrieb versus Verbundbetrieb: Durch einen mittels einer Verbundleitung ermöglichten Verbundbetrieb von Windkraftanlagen bzw. Windkraftwerken kann ein regionaler Ausgleich der Windenergieproduktion erreicht werden. Unregelmäßigkeiten der Windenergieproduktion können damit vermindert und so die Versorgungssicherheit erhöht werden. Zudem können lokale Windenergieüberschüsse in andere Verbrauchsregionen weitergeleitet werden. Aus technischen und vor allem aus wirtschaftlichen Gründen wird ein derartig aufwendiges Verbundsystem nur bei einer großtechnischen Umwandlung von Windenergie in elektrische Energie aufgebaut werden. Für die kleintechnische Nutzung der Windenergie zur Stromerzeugung wird man normalerweise kein Verbundsystem neu aufbauen. Falls bereits Verbundleitungen des konventionellen Energieversorgungssystems bestehen, kann durch eine dezentralisierte kleintechnische Nutzung von Windenergie zur Stromerzeugung im Inselbetrieb ein bei wachsender Nachfrage erforderlicher Zubau von Stromversorgungsleitungen ohne Verminderung der Versorgungssicherheit vermieden werden. Ein Teil der Energienachfrage wird dann nämlich direkt beim Verbraucher produziert und braucht nicht mittels zusätzlicher Überlandleitungen von zentralen Großkraftwerken gedeckt werden.

— Windenergienutzung mit und ohne Speicher: Wegen der Unregelmäßigkeit der Windenergieproduktion stellt sich bei allen Windenergie-Nutzungsarten grundsätzlich das Problem der Speicherung. Die Primärenergie, nämlich die bewegte Luft, kann nicht gespeichert werden. Erst die Sekundärenergie, nämlich die in mechanische oder elektrische Energie umgewandelte kinetische Strömungsenergie, kann gespeichert werden. Das Speicherproblem ist bei der Stromerzeugung am drängendsten, da Stromerzeugung und Stromabnahme zeitgleich erfolgen müssen. Direktnutzung der Windenergie (Bewässerung, Heizung, u. a.) erfordert nicht unbedingt eine Speichermöglichkeit, da Energieproduktion und Energieabnahme in Grenzen auch zeitungleich erfolgen können. Hier steht der Energieproduktion eine über Tage und Wochen aggregierbare Nachfrage gegenüber. Die Speicherung von Windenergie sollte möglichst gering gehalten werden, da Energiespeicherung immer mit hohen Kosten und Energieverlusten verbunden ist, vgl. Abschnitt 2.6.

Zusammenfassend läßt sich feststellen:
Die direkte Nutzung der Windenergie (z. B. Ent- und Bewässerung) wird üblicherweise im Rahmen einer dezentralisierten kleintechnischen Nutzung der Windenergie im Inselbetrieb ohne Speichermöglichkeit durchgeführt.
Die indirekte Nutzung der Windenergie (Stromerzeugung) kann zum einen kleintechnisch dezentralisiert im Inselbetrieb, zum anderen großtechnisch meist zentralisiert im Verbundbetrieb (eventuell mit Speichernutzung) durchgeführt werden.

1.4 Umwandlung der kinetischen Energie in mechanische Energie

Windkraftwerke sind ebensowenig wie konventionelle Kraftwerke in der Lage, Energie zu produzieren (Erster Hauptsatz der Thermodynamik), sondern können nur eine Energieform in eine andere Energieform umwandeln. Während konventionelle Kraftwerke in fossilen Brennstoffen gebundene chemische Energie in thermische Energie, diese wiederum in mechanische Energie umwandeln, wandeln Windkraftwerke die kinetische Strömungsenergie der Luft direkt in mechanische Energie um.

Bei der mittels thermischer Kraftwerke durchgeführten Umwandlung von Primärenergie in mechanische bzw. elektrische Energie müssen hohe Verluste (bis zu 70 %) hingenommen werden. Wie Bild 1.5 zeigt, wird im Kessel Wasserdampf erzeugt. Der Wasserdampf breitet sich gemäß dem Zweiten Thermodynamischen Hauptsatz in Richtung Kühlsystem aus. Die thermische Energie wird so in kinetische Strömungsenergie umgewandelt. Diese wiederum wird mittels einer Turbine in mechanische Energie umgewandelt und kann dann zum Antrieb eines elektrischen Generators verwendet werden. Mit T_1 als Temperatur des Wasserdampfs und T_2 als Temperatur des Kühlsystems, jeweils gegeben in K, beträgt nach Carnot der maximale Umwandlungswirkungsgrad von thermischer in mechanische Energie $(T_1 - T_2)/T_1$. Großkraftwerke haben typischerweise eine Vorlauftemperatur T_1 von unter 600 K und eine Rücklauftemperatur T_2 von über 300 K, so daß der nach Carnot maximal mögliche Umwandlungswirkungsgrad weniger als 50 % beträgt; moderne Großkraftwerke erreichen heute einen Wirkungsgrad von etwa 35 % (ohne Berücksichtigung der Leitungsverluste), siehe dazu auch Abschnitt 4.2.

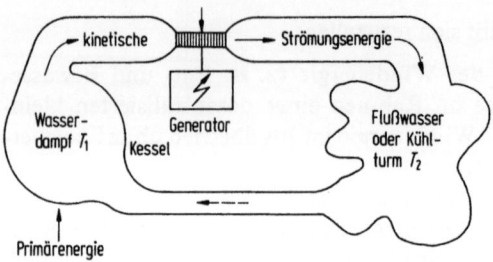

Bild 1.5. Umwandlung von thermischer in mechanische Energie

Windkraftwerke benötigen weder Brennstoffe noch Kessel noch Kühlsysteme. Die natürlich vorhandene kinetische Strömungsenergie wird mittels eines Rotors (Turbine) direkt in mechanische Energie umgewandelt, vgl. Bild 1.6. Der maximal mögliche Umwandlungswirkungsgrad beträgt nach Betz 16/27 [18, S. 13/14].

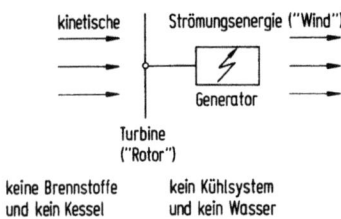

Bild 1.6. Umwandlung von kinetischer in mechanische Energie

Die Energiestromdichte ist bei herkömmlichen Kraftwerken mit etwa 10^6 kW/m^2 bzw. bei Verbrennungsmotoren mit etwa 10^3 kW/m^2 erheblich größer als die Energiestromdichte bei Windkraftwerken mit weniger als 1 kW/m^2. Deshalb muß die Windturbine mit gleicher Leistung erheblich größer ausgelegt werden als eine konventionelle Kraftwerksturbine.

Charakteristisch für alle bis 1975 gebauten und für den überwiegenden Teil der in Zukunft geplanten größeren Windkraftanlagen ist eine horizontale Achse. Die physikalisch-technischen Grundlagen von Windkraftanlagen mit horizontaler Achse sind bereits sehr gut erforscht und bekannt[4] und können deshalb hier ausführlicher dargestellt werden.

Eine Windkraftanlage wandelt einen Teil der kinetischen Energie des Luftstroms in mechanische Energie um, indem sie die Geschwindigkeit des Luftstroms vermindert. Der zur Wirksamkeit gelangende Teil des Luftstroms durchströmt das Windrad mit der mittleren Geschwindigkeit

$$v_{\text{Radebene}} = \frac{1}{2}(v + v_{\text{nach}}), \tag{7}$$

mit

v Geschwindigkeit des ungestörten Luftstromes vor der Radebene,
v_{Radebene} Windgeschwindigkeit in der Radebene,
v_{nach} Geschwindigkeit des abgebremsten Luftstromes nach der Radebene.

Die Differenz der kinetischen Energien $\frac{1}{2}mv^2$ und $\frac{1}{2}mv^2_{\text{nach}}$ wird vom Windrad aufgenommen. Betrachten wir eine senkrecht zur Luftströmung stehende Fläche F, so wird diese Fläche pro Sekunde von einem Luftvolumen V der Größe $V = Fv$ durchströmt. Mit $E = \frac{1}{2}\varrho Vv^2$ [Nm], vgl. (2), ergibt sich dann für die Leistung N als Energie pro Zeiteinheit:

$$N = \frac{1}{2}\varrho v^3 F \quad [\text{Nm/s}] \text{ oder } [\text{W}]. \tag{8}$$

Mit (2), (7) und (8) läßt sich nun die von der völlig verlustfrei („ideal") arbeitenden Windkraftanlage abgegebene Leistung $N_{\text{theoret.}}$ als Differenz der kinetischen Energie vor und nach der Fläche F angeben:

$$N_{\text{theoret.}} = \frac{1}{2}\varrho(v^2 - v^2_{\text{nach}}) \cdot \frac{1}{2}(v + v_{\text{nach}})F \quad [\text{W}]. \tag{9}$$

Gleichung (9), abgeleitet nach v_{nach}, ergibt die maximale Leistung N_{Betz} für $v_{\text{nach}} = \frac{1}{3}v$, also bei einer Reduzierung der Geschwindigkeit des Luftstroms auf ein Drittel. Man erhält damit:

$$N_{\text{Betz}} = (16/27)N \quad [\text{W}]. \tag{10}$$

Betz bewies bereits 1926 dieses für die Windkraftnutzung zentrale Theorem [18, S. 12]: Eine verlustfrei arbeitende „ideale" Windkraftanlage mit horizontaler Achse kann maximal 16/27 der im Luftstrom enthaltenen Energie in mechanische Energie umwandeln, wobei in diesem Fall die Geschwindigkeit des Luftstroms auf ein Drittel abgemindert wird.

---
4 Siehe dazu [16, 18, 19] und [20—25]. Für Windkraftanlagen mit vertikaler Achse (sowie sonstige Windkraftanlagentypen) liegen seit kurzem erste Teilergebnisse vor, siehe dazu [26, S. 87 ff.] sowie [27, S. 745 ff.]

Neuere Untersuchungen zeigen, daß dieser Betzsche Grenzwirkungsgrad von 16/27 ≈ 0,59 nicht, wie vielfach angenommen wurde, exakt aus Erhaltungssätzen herleitbar ist. Vielmehr ist er an vereinfachende Annahmen gebunden und kann daher prinzipiell überschritten werden.

Wegen Wirbelbildung, Luftreibung und mechanisch bedingten Umwandlungsverlusten kann an der Welle der Windkraftanlage nur eine geringere Leistung als N_{Betz} abgenommen werden. Eine weitere Verminderung der abnehmbaren Leistung ergibt sich, weil es technisch kaum so einzurichten ist, daß die Geschwindigkeit des Luftstroms gleichmäßig über der gesamten von den Flügeln überstrichenen Fläche auf ein Drittel vermindert wird. Die Flügelspitzen bewegen sich nämlich schneller als die inneren Teile der Flügel. Die Schnellaufzahl λ_r, die durch den Quotienten aus der Geschwindigkeit u_r des Flügels im Abstand r von der Achse und der Windgeschwindigkeit v bestimmt ist, nimmt bei konstanter Umdrehungszahl f (Umdrehungen pro Sekunde) und konstanter Windgeschwindigkeit v mit zunehmendem Abstand r von der Drehachse gemäß (11) zu:

$$\lambda_r = u_r/v = 2r\pi f/v. \tag{11}$$

Bei gegebener Technik und ungestörter Luftströmung ist die Geschwindigkeitsabminderung der Luftströmung im wesentlichen von λ_r abhängig, welches von innen nach außen nach der obigen Formel zunimmt. Somit kann die optimale Geschwindigkeitsabminderung der Luftströmung von v auf $v_{nach} = \frac{1}{3}v$ nur für einen bestimmten Flügelbereich erreicht werden. Durch unterschiedliche Flügelbreiten sowie Verwindung der Flügel können die Unterschiede in der Geschwindigkeitsabminderung verringert werden. Dadurch kann über einen größeren Bereich die optimale Windgeschwindigkeit $v_{nach} = \frac{1}{3}v$ erreicht werden.

In der Praxis wird ein Leistungsbeiwert c_p definiert (vgl. Abschnitt 1.5), der angibt, welcher Teil der im Luftstrom enthaltenen Energie (Leistung) in mechanische Energie (Leistung) umgewandelt wird. Die an der Welle abnehmbare Leistung N_{Welle} ergibt sich dann mit

$$N_{Welle} = c_p N = c_p \cdot \frac{1}{2} \varrho v^3 F \quad [W]. \tag{12}$$

Bild 1.7 zeigt den Zusammenhang zwischen Windgeschwindigkeit v und N, N_{Betz} und N_{Welle} für eine Windkraftanlage mit einer überstrichenen Fläche von 1 m², wobei der Leistungsbeiwert c_p konstant mit 0,35 angenommen wird ($\varrho = 1,2$ kg/m³).

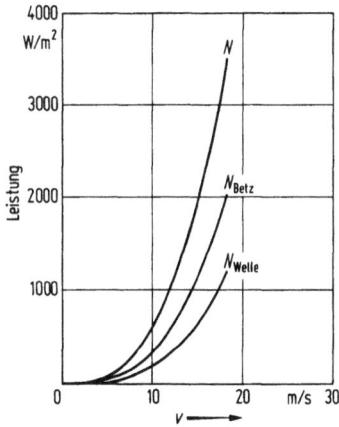

Bild 1.7. Windenergie N, theoretisch maximal umwandelbare Windenergie N_{Betz} und tatsächlich umgewandelte Windenergie N_{Welle}, jeweils in Abhängigkeit von der Windgeschwindigkeit v (c_p konstant gleich 0,35)

1.5 Zusammenhang zwischen Leistungsbeiwert und Schnellaufzahl

Bei gegebener aerodynamischer Auslegung der Flügel wird die Größe des Leistungsbeiwerts c_p als Funktion des Quotienten aus Geschwindigkeit u der Flügelspitzen und Geschwindigkeit v des Windes angegeben. Diesen Quotienten nennt man auch Schnellaufzahl λ. Nach (11) entspricht die Schnellaufzahl λ dem maximalen λ_r:

$$\lambda = u/v = 2r\pi f/v, \tag{13}$$

mit

f Umdrehungen pro Sekunde,
r Flügellänge (Rotorradius).

Vielflüglige Windkraftanlagen (4 bis 20 Flügel), wie sie früher allgemein üblich waren, erreichen das Maximum des Leistungsbeiwerts bei Schnellaufzahlen zwischen 1 und 3 (sog. Langsamläufer). Windkraftanlagen mit 2 oder 3 Flügel, wie sie für die modernen Großanlagen geplant sind, erreichen das Maximum des Leistungsbeiwerts bei Schnellaufzahlen zwischen 6 und 15 (sog. Schnelläufer). Bild 1.8 zeigt den Zusammenhang zwischen Leistungsbeiwert c_p und Schnellaufzahl λ bei je einem Schnell- und einem Langsamläufer. Außerdem sind die für den Anlauf wichtigen Drehmomentbeiwerte c_d, definiert durch $c_d = c_p/\lambda$, eingezeichnet.

Die Auslegeschnellaufzahl λ_{opt} ist die Schnellaufzahl, bei der der maximale Leistungsbeiwert c_p^{opt} erreicht wird. Die maximale Leistungsausbeute wird erreicht, indem man die Schnellaufzahl λ kon-

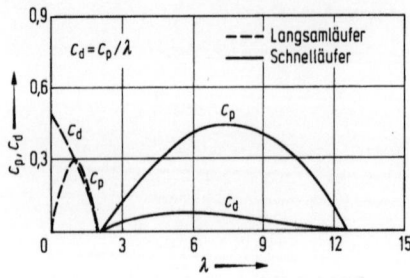

Bild 1.8. Zusammenhang zwischen Leistungsbeiwert c_p und Schnelllaufzahl λ

stant bei λ_{opt} hält und so immer den maximalen Leistungsbeiwert erreicht. Bild 1.7 zeigt in Abhängigkeit von der Windgeschwindigkeit die an der Welle abnehmbare Leistung N_{Welle}, falls die Windkraftanlage mit konstanter Schnellaufzahl λ_{opt} betrieben wird und der dazugehörige maximale Leistungsbeiwert c_p^{opt} beträgt.

Eine konstante Schnellaufzahl wird üblicherweise durch eine Veränderung der Rotordrehzahl proportional zur Windgeschwindigkeit erreicht. Aus schwingungstechnischen Gründen (Resonanz, Materialermüdung) ist vor allem bei größeren Windkraftanlagen eine laufende Änderung der Rotordrehzahl nicht erwünscht. Eine eventuell bei Windkraftanlagen zur Wechselstromerzeugung in Betracht kommende elektronische Regelung, die bei variierender Eingangsdrehzahl für konstante Frequenz und Spannung sorgt, kann nur Drehzahländerungen in relativ kleinen Bandbreiten ohne übergroße Verluste ausgleichen.

Wird die Drehzahl der Welle f konstant gehalten, so verändert sich die Schnellaufzahl λ umgekehrt proportional zur Windgeschwindigkeit v. Der Leistungsbeiwert c_p ist damit allein eine Funktion der Windgeschwindigkeit v. Wird durch Vorgabe einer hohen Nenndrehzahl die optimale Schnellaufzahl λ_{opt} hoch angesetzt, liegt der maximale Leistungsbeiwert c_p^{opt} bei großen Windgeschwindigkeiten und umgekehrt. Für Optimierungsüberlegungen gilt generell, daß die Windgeschwindigkeit, bei der der maximale Leistungsbeiwert erreicht wird, kleiner sein muß als die später erläuterte Nennwindgeschwindigkeit.

1.6 Zusammenhang zwischen Windgeschwindigkeit und Generatorleistung

Zur Berechnung der am Generator abnehmbaren elektrischen Leistung N_e muß neben dem Leistungsbeiwert c_p auch noch der mechanisch-elektrische Gesamtwirkungsgrad η_{tot} für die Umwandlung von der an der Welle abnehmbaren mechanischen Energie in elektrische Energie berücksichtigt werden (Getriebeverluste, Generatorverluste, Regelverluste etc.). η_{tot} ist im wesentlichen von der vom Generator abgegebenen elektrischen Leistung N_e abhängig.

Mit (14) ergibt sich dann bei gegebener Technik (insbesondere gegebener Nenndrehzahl) die am Generator abnehmbare Leistung N_e als Funktion der — zunächst als homogen über den Rotorquerschnitt angenommenen — Windgeschwindigkeit v mit:

bzw.
$$N_e = \eta_{tot} c_p N \text{ [W]} \quad (14)$$
$$N_e = \eta_{tot} c_p \cdot \frac{1}{2} \varrho v^3 F \text{ [W]}. \quad (15)$$

Die maximal vom Generator abgebbare elektrische Leistung N_e ist durch die Generatorgröße beschränkt und wird üblicherweise als (Generator-) Nennleistung bezeichnet. Der Quotient aus Generatornennleistung und vom Rotor überstrichene Fläche wird als spezifische Generatorleistung bezeichnet. Die bei Abgabe der Nennleistung an der Welle abnehmbare mechanische Leistung heißt Rotornennleistung. Der Quotient aus Rotornennleistung und vom Rotor überstrichene Fläche wird als spezifische Flächenleistung bezeichnet. Die zur Produktion der (Generator-) Nennleistung mindestens erforderliche Windgeschwindigkeit heißt Nennwindgeschwindigkeit. Bei Überschreiten der Nennwindgeschwindigkeit wird durch Verdrehen der Flügel bzw. Aus-dem-Wind-drehen der Flügel der Leistungsbeiwert c_p so weit vermindert, daß die Leistung N_e die durch die Generatorgröße vorgegebene Nennleistung nicht überschreitet.

Für das Anfahren der Windkraftanlage ist ein bestimmtes Mindestdrehmoment erforderlich. Das Anlaufdrehmoment der Windkraftanlage muß also mindestens so groß wie dieses Mindestdrehmoment sein. Der Anlaufdrehmomentbeiwert bzw. das Anlaufdrehmoment ist wesentlich von der Windgeschwindigkeit sowie vom Anstellwinkel der Flügel abhängig, wobei der optimale Anlauf-Anstellwinkel erheblich größer ist als der (in einer relativ breiten Umgebung der Nennwindgeschwindigkeit ziemlich konstante) optimale Normalbetrieb-Anstellwinkel. Eine Verstellbarkeit der Flügel um ihre Längsachse vermindert deshalb die zum Anlaufen erforderliche Mindestwindgeschwindigkeit v_{min} erheblich.

Bei Überschreiten der technisch vorgegebenen Höchstwindgeschwindigkeit v_{max} wird die Windkraftanlage aus Sicherheitsgründen abgeschaltet (Sturmsicherung). Die rasche Verstellbarkeit der Flügel um ihre Längsachse bietet die beste Sturmsicherung, da das herkömmliche Aus-dem-Wind-drehen des Windrades (mittels Seitenwindrad o. ä.) besonders bei Böen zu langsam erfolgt.

Die Mindestwindgeschwindigkeit sei mit v_{min}, die Nennwindgeschwindigkeit mit v_{nom}, die Höchstwindgeschwindigkeit mit v_{max} und die Nennleistung mit N_{nom} bezeichnet. Die am Generator abnehmbare Leistung läßt sich bei gegebener Technik und gegebener Nenndrehzahl dann folgendermaßen angeben:

$$N_e = \begin{cases} 0, & \text{falls } v < v_{min}, \\ \eta_{tot}(N_e)c_p(v) \cdot 0{,}6v^3 F, & \text{falls } v_{min} \leqslant v < v_{nom}, \\ N_{nom}, & \text{falls } v_{nom} \leqslant v \leqslant v_{max}, \\ 0, & \text{falls } v > v_{max}. \end{cases} \quad (16)$$

Bild 1.9 zeigt den prinzipiellen Zusammenhang zwischen Windgeschwindigkeit und Generatorleistung.

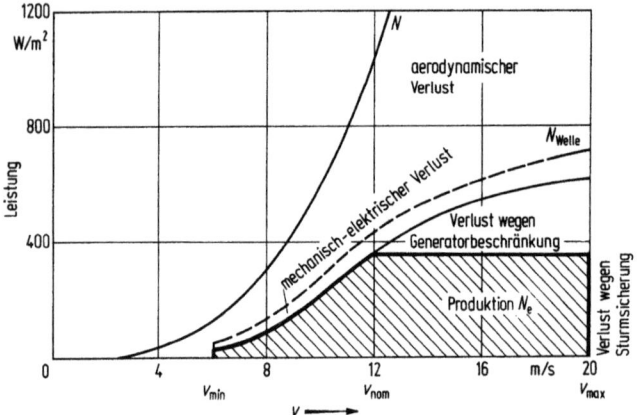

Bild 1.9. Zusammenhang zwischen Windgeschwindigkeit und Generatorleistung

Der mechanisch-elektrische Gesamtwirkungsgrad η_{tot} sowie die Luftdichte ϱ sind vorgegebene technische bzw. meteorologische Konstanten. Die Leistung der Windkraftanlage hängt nach (16) also im wesentlichen von der überstrichenen Flügelkreisfläche F (Rotorfläche), der Generatorgröße (Nennleistung), der Windgeschwindigkeit v und dem aerodynamischen Leistungsbeiwert c_p ab.

Eine Verdoppelung der Rotorfläche führt zu einer Verdoppelung der Leistung. Eine Verdoppelung der Generatorgröße führt zu einer Verdoppelung der Nennleistung, so daß die besonders energiehaltigen großen Windgeschwindigkeiten nun besser genutzt werden können.

Eine Verdoppelung der Windgeschwindigkeit führt bei völlig variabler Drehzahl zu einer Verachtfachung der Leistung, wobei jedoch die durch die Generatorgröße vorgegebene Nennleistung nicht überschritten werden kann, vgl. Bild 1.7 sowie (16).

Für die Erzeugung von Strom mit konstanter Frequenz und insbesondere auch zur Vermeidung von sicherheitsgefährdenden Schwingungsresonanzen wird zweckmäßigerweise eine Windkraftanlage mit konstanter bzw. nur geringfügig variabler Drehzahl betrieben; sie kann dann nicht bei allen Windgeschwindigkeiten mit optimaler Schnellaufzahl und damit nicht immer mit optimalem Leistungsbeiwert betrieben werden. Bei konstanter Nenndrehzahl ist der Leistungsbeiwert c_p nicht mehr von der Schnellaufzahl λ, sondern nur noch von der Windgeschwindigkeit v abhängig. Durch die Wahl einer bestimmten Nenndrehzahl läßt sich der maximale Leistungsbeiwert jeweils einer bestimmten Windgeschwindigkeit zuordnen, die im folgenden mit v^{opt} bezeichnet werden soll. Wegen des direkt proportionalen Zusammenhangs zwischen Schnellaufzahl und Nenndrehzahl führt eine Verminderung der Nenndrehzahl zu einer dazu direkt proportionalen Verminderung von v^{opt} und umgekehrt.

Soll die Jahresenergieproduktion maximiert werden, so muß v^{opt} wegen des konkaven Zusammenhangs zwischen aerodynamischem Leistungsbeiwert c_p und Schnellaufzahl λ (vgl. Bild 1.8) immer kleiner als die Nennwindgeschwindigkeit v_{nom} gewählt werden. Andernfalls könnte durch eine Verminderung der Nenndrehzahl jede unterhalb der Nennwindgeschwindigkeit liegende Windgeschwindigkeit mit einem höheren aerodynamischen Leistungsbeiwert in mechanische Energie umgewandelt und so die Jahresenergieproduktion erhöht werden. Wegen der grundsätzlich stark links-steilen Windgeschwindigkeitsverteilung (ähnlich der Chi-Quadrat-Verteilung) ergibt sich die maximale jährliche Energieproduktion für Nenndrehzahlen, die den maximalen Leistungsbeiwert auf Windgeschwindigkeiten wesentlich unterhalb der Nennwindgeschwindigkeit legen. Dabei wird bei gegebener Jahresdurchschnitts-Windgeschwindigkeit der Abstand zwischen v^{opt} und v_{nom} um so größer, je größer die spezifische Generatorleistung und damit die Nennwindgeschwindigkeit v_{nom} gewählt wird.

Damit sind zwei gegenläufige Tendenzen der Windkraftwerksleistung erkennbar: Zum einen steigt das kinetische Potential der Windenergie mit der 3. Potenz der Windgeschwindigkeit an. Zum anderen steigt der aerodynamische Leistungsbeiwert c_p anfangs mit wachsender Windgeschwindigkeit an, erreicht sein Maximum bei einer Windgeschwindigkeit deutlich unterhalb der Nennwindgeschwindigkeit und geht dann wieder zurück.

Bei konstanten Drehzahlen ergibt sich so für den Bereich zwischen Anlaufwindgeschwindigkeit v_{min} und Nennwindgeschwindigkeit v_{nom} grundsätzlich ein s-förmiger Zusammenhang zwischen Windgeschwindigkeit und Momentanleistung.

Liegt der Leistungsbeiwert c_p über einen größeren Bereich der Schnellaufzahl λ in der Größenordnung des maximalen Leistungsbeiwerts, so kann die Windkraftanlage über einen weiten Bereich der Windgeschwindigkeit auch bei konstanter Drehzahl mit beinahe maximalem Leistungsbeiwert betrieben werden. Die Leistung der Windkraftanlage steigt dann in etwa mit der 3. Potenz ähnlich wie bei einer Windkraftanlage mit völlig variabler Drehzahl an.

Von sehr niedrigen und sehr hohen Nenndrehzahlen abgesehen gilt, daß eine Erhöhung der Nenndrehzahl die Jahresenergieproduktion erhöht, die Gleichmäßigkeit der Produktion jedoch vermindert. Man wird die Nenndrehzahl also so festlegen, daß die Jahresenergieproduktion möglichst groß und doch noch ausreichend gleichmäßig ist. Falls technische Hilfsmittel eine laufende Anpassung der Drehzahl an die momentanen Windverhältnisse erlauben (z. B. elektronische Regelung), wird dadurch die Jahresenergieproduktion (ohne Berücksichtigung der zusätzlichen Regelverluste) größer und zugleich gleichmäßiger.

Die Energieproduktion einer Windkraftanlage steigt also, falls Rotorgröße, Generatorgröße, Anpassungsmöglichkeit der Nenndrehzahl und Windgeschwindigkeit steigen. Die Rotornenndrehzahl muß dabei den Windverhältnissen und der gewählten Technik angepaßt werden.

Eine hohe Gleichmäßigkeit der Windenergieproduktion wird erreicht durch die Wahl von Aufstellungsorten mit gleichmäßigem Windangebot, durch die Wahl einer relativ niedrigen Nenndrehzahl, gute Anpassungsmöglichkeit der Drehzahl an die momentanen Windverhältnisse sowie durch einen möglichst großräumigen Verbundbetrieb der einzelnen Windkraftanlagen.

2 Windkraftanlagen incl. Energiespeicher

Die Windkraftanlagen haben im Vergleich zu konventionellen Kraftwerken eine technisch einfache Konstruktion, die sich im wesentlichen auf folgende Komponenten beschränkt:
— Rotorblätter,
— Rotornabe,
— Regelungseinrichtungen,
— Getriebe,
— Generator,
— Turm.

In Abhängigkeit vom Windkraftanlagentyp können weitere Komponenten hinzukommen bzw. einzelne Komponenten fehlen. Insbesondere entfallen bei Windkraftanlagen zur alleinigen Erzeugung von mechanischer Energie Generator und elektrische Regelungseinrichtungen sowie eventuell das Getriebe.

Die Klassifizierung von Windkraftanlagen erfolgt üblicherweise nach Merkmalen wie:
— Stellung der Rotorachse (horizontal oder vertikal),
— Anzahl der Rotorblätter,
— Stellung der Rotoren (vor oder hinter dem Turm),
— Möglichkeit der Sturmsicherung (Aus-dem-Wind-drehen oder Blattverstellung),
— Schnelläufigkeit[1] (Langsam- oder Schnelläufer),
— Rotordrehzahl (konstant oder variabel),
— Art des Generators (Wechsel- oder Gleichstrom),
— spezifische Flächenbelastung (Quotient aus maximale Wellenleistung und vom Rotor überstrichene Fläche),
— spezifische Generatorleistung (Quotient aus Generatornennleistung und vom Rotor überstrichene Fläche)[2].

---

[1] Der Schnellauf einer Windkraftanlage ist gegeben durch das Verhältnis aus Blattspitzengeschwindigkeit zu Windgeschwindigkeit, vgl. Kapitel 1

[2] Eine Klassifizierung und Beschreibung vieler Windkraftanlagentypen nach verschiedenen Klassifizierungskriterien ist z. B. in [28] zu finden. Siehe dazu auch [11, 19, 20, 22—24, 27, 29] und die dort angegebene Literatur

Bild 2.1 gibt einen Überblick über eine Reihe von Windkraftanlagentypen, die im folgenden näher erläutert werden sollen.

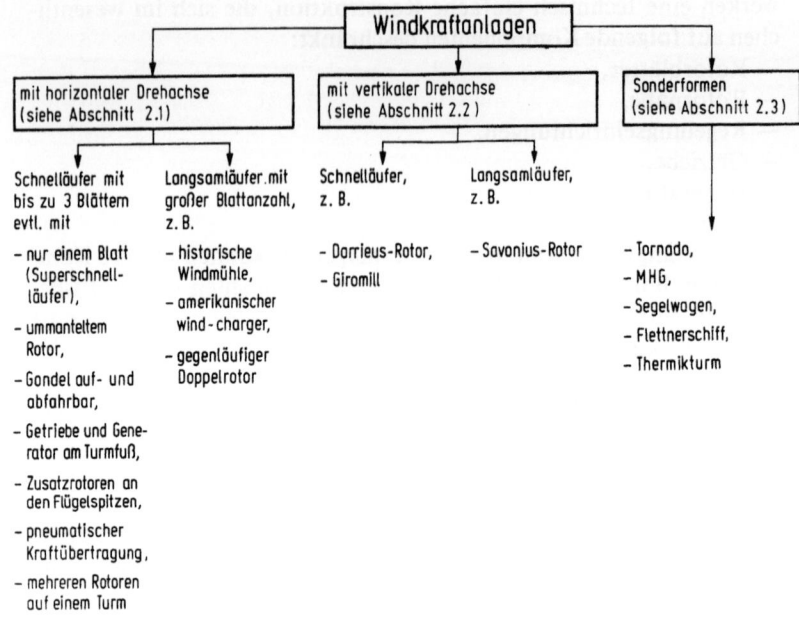

Bild 2.1. Windkraftanlagentypen

2.1 Windkraftanlagen mit horizontaler Achse

2.1.1 Schnelläufer

Moderne schnellaufende Windkraftanlagen haben bis zu drei sehr schmal gehaltene Rotoren. Rotornabe, Regelungseinrichtungen, Getriebe und Generator sind meist in einer an der Spitze des Turms befindlichen Gondel untergebracht. Die Blattspitzen bewegen sich mit einer Geschwindigkeit von bis zu 150 m/s (etwa halbe Schallgeschwindigkeit), wobei eine Schnellaufzahl bis zu 20 erreicht wird. Bei aerodynamisch optimal geformten Rotoren kann eine derartige Anlage bis zu 80% der nach Betz maximal nutzbaren Windenergie in mechanische Energie umwandeln. Die auf die Rotationsebene projizierte Fläche der Rotorblätter beträgt dabei nur etwa 3% der vom

Rotor überstrichenen Fläche, so daß der Materialaufwand für die Flügel, verglichen mit den später beschriebenen vielflügeligen Windkraftanlagen, sehr gering ist.

Eine Erhöhung der Blattanzahl von zwei auf drei erhöht sowohl das Anlaufdrehmoment (Verminderung der Anlaufwindgeschwindigkeit) als auch den Wirkungsgrad insbesondere bei geringen Windgeschwindigkeiten. Dadurch wird die Energieausbeute größer und zugleich gleichmäßiger. Zudem sind die gefährlichen Vibrationsprobleme bei einer Windkraftanlage mit drei Blättern erheblich geringer als bei zwei Blättern. Deshalb wurden früher die meisten Windkraftanlagen zur Stromerzeugung mit drei Blättern gebaut. Wegen der nach wie vor nur schwer lösbaren Schwingungsprobleme denkt man auch bei Neuentwicklungen wieder daran, Windkraftanlagen mit drei Flügeln zu bauen[3]. Eine weitere Erhöhung der Anzahl der Flügel erscheint problematisch, da sowohl die Wirkungsgradzunahme als auch die Verminderung der Vibrationsprobleme verglichen mit dem erheblichen Kostenzuwachs unerheblich ist. Zudem sinkt die Drehzahl mehr und mehr, so daß Welle und Getriebe bei gleicher Leistung größer dimensioniert werden müssen.

Eine Überlastung der Anlage bei höheren Windgeschwindigkeiten wird häufig genauso wie früher durch Aus-dem-Wind-drehen der Anlage vermieden. Moderne Anlagen haben eine Verstellmöglichkeit der Flügel um ihre Längsachse und gewährleisten so einen raschen Überlastungsschutz bei Böen und Stürmen. Außerdem ist so eine schnelle und exakte Leistungsregelung möglich.

Bild 2.2 zeigt eine schnellaufende Windkraftanlage mit horizontaler Achse und zwei Blättern. Aufbauend auf diesem Typ wurde in der Vergangenheit eine Reihe von Verbesserungsvorschlägen gemacht:

— Sehr interessant erscheint der Bau einer Windkraftanlage mit nur einem Flügel, wobei das fehlende zweite Blatt durch ein Gegengewicht ersetzt wird[4]. Die gegenüber einer Anlage mit zwei Rotoren verminderte Energieproduktion wird durch die erwartete Kostenminderung mehr als ausgeglichen. Die auftretenden Schwingungsprobleme erscheinen jedoch derzeit als nur schwer lösbar.

---

3 So werden z. B. im Rahmen des dänischen Windenergieforschungsprogramms 1979/1980 zwei dreiflügelige Windkraftanlagen gebaut

4 Siehe dazu und zu einer Reihe von weiteren Schnelläufertypen z. B. [20]. Die Firma Messerschmitt-Bölkow-Blohm in Ottobrunn bei München hat 1978 den Auftrag erhalten, Anfang der 80er Jahre einen Prototyp mit 145 m Durchmesser und etwa 5 MW installierter Leistung zu bauen

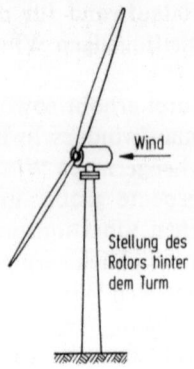

Bild 2.2. Schnellaufende Windkraftanlage mit horizontaler Achse

— Andere Vorschläge beruhen auf der Idee einer Konzentration der kinetischen Strömungsenergie, siehe z. B. [30]. Wird ein konisch geformter Mantel um den Rotor gebaut, so kann die Energie, die den maximalen Durchmesser der Ummantelung trifft, mit einem wesentlich kleineren Rotor genutzt werden (siehe Bild 2.3). Der Materialaufwand für die Ummantelung ist sehr groß. Zudem ist die Frage der Sturmsicherheit noch völlig offen.

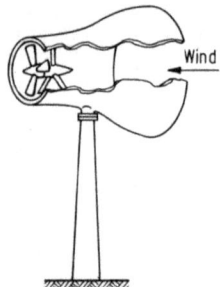

Bild 2.3. Ummantelter Rotor, Vorschlag I

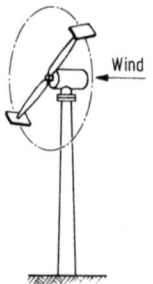

Bild 2.4. Ummantelter Rotor, Vorschlag II

Weniger materialaufwendig ist die „Ummantelung" des Rotors mit Hilfe kleiner Segmente an den Flügelspitzen, die zusammen mit dem Rotor um die Turbinenwelle rotieren (siehe Bild 2.4). Dieser recht interessant erscheinende Vorschlag wurde bisher noch nicht experimentell untersucht.

— Zur Lösung der nicht unerheblichen Wartungsprobleme für Getriebe, Generator, Regelungseinrichtungen sowie Rotornabe und

Rotorblätter wurde vor kurzem von MAN — Neue Technologie in München für den Prototyp GROWIAN der Vorschlag gemacht, die Gondel samt den Rotorblättern wie einen Aufzug am Turm auf- und abfahren zu lassen. Dieser Vorschlag erscheint so interessant, daß ihn auch Schweden und die USA weiterverfolgen.

— Bereits früher wurde vorgeschlagen, Getriebe und Generator nicht direkt an die von den Rotoren angetriebene Welle anzuschließen, sondern das von der Rotorwelle ausgehende Drehmoment mittels einer langen Welle an den Fuß des Turms der Windkraftanlage zu übertragen. Dadurch wird das Gewicht an der Turmspitze erheblich geringer, und zudem werden Montage und der Zugang zu Getriebe und Generator erheblich erleichtert. Andererseits benötigt man eine sehr starke Welle zur Übertragung des Drehmoments an den Turmfuß, was sehr große Schwingungsprobleme und einen erheblichen Materialaufwand verursacht.

— Trotz der großen Geschwindigkeit der Flügelspitzen bleibt die Drehzahl der Welle einer modernen schnellaufenden Windkraftanlage relativ gering, wobei bei einer Windkraftanlage mit 100 m Durchmesser eine Drehzahl von rund $0,3 s^{-1}$ erreicht wird. Um bei dieser niedrigen Umdrehungszahl einen Stromgenerator antreiben zu können, braucht man entweder ein aufwendiges Getriebe oder einen vielpoligen Generator, der speziell für diesen Zweck konstruiert werden müßte. Zur Vermeidung dieser Schwierigkeiten wurden in der Vergangenheit mehrere Lösungsvorschläge gemacht:

Insbesondere in den 30er Jahren wurde immer wieder empfohlen, an den Spitzen der normalen Rotoren kleinere Rotoren zu befestigen. Wegen des relativ kleinen Durchmessers dieser kleinen Rotoren wird deren Drehzahl so groß, daß ein direkt ohne Getriebe betriebener Stromgenerator verwendet werden kann (siehe Bild 2.5).

— Ein anderer Vorschlag sah Windkraftanlagen mit pneumatischer Kraftübertragung vor[5]. Bei diesem Spezialfall einer schnellaufenden Windkraftanlage mit horizontaler Achse werden Rotoren, Gondeln und Turm innen hohl und luftdicht gebaut. Rotorspitzen und Turmfuß werden mit kleinen Luftschlitzen versehen. Wegen der schnellen Umdrehung der Rotoren wird durch die Luftschlitze an der Spitze Luft hinausgepreßt. Der so erzeugte Luftstrom wird von einer im Turmfuß angebrachten kleinen Turbine zum Antrieb

---

5 Siehe dazu [31] sowie zur Beschreibung des gebauten Prototyps einer Andreau-Enfield-Anlage [32]

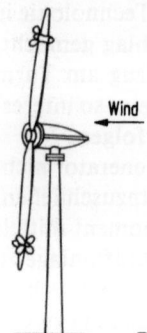

Bild 2.5. Schnelläufer mit Zusatzrotoren an den Flügelspitzen

eines Generators genutzt. Dieser Vorschlag wurde anhand eines größeren Prototyps näher untersucht.

— Viele Vorschläge, insbesondere in den 30er und 40er Jahren, sahen ein System mit mehreren Rotoren auf einem Turm vor, siehe z. B. [33, 34]. Mit Hilfe dieses sogenannten Höhenwindkraftwerks sollten sehr hohe Türme mit einer Reihe von Rotoren in verschiedenen Höhen bestückt werden. Dadurch sollten die hohen Jahresdurchschnitts-Windgeschwindigkeiten in großer Höhe ausgenutzt und gleichzeitig die Kosten des sehr aufwendigen Turms auf mehrere Rotoren verteilt werden.

2.1.2 Langsamläufer

Langsamläufer haben eine große Blattanzahl und arbeiten mit Schnellaufzahlen bis zu etwa 5.

— Zu den langsam laufenden Windkraftanlagen mit horizontaler Achse zählen insbesondere die bekannten historischen Windmühlen[6]. Diese Windmühlen dienen gewöhnlich zum Wasserpumpen bzw. Getreidemahlen, so daß Generator, Getriebe und sonstige elektrische Einrichtungen entfallen. Die auf eine Ebene projizierten Flügel machen bis zu 30% der durch die Flügel überstrichenen Kreisfläche aus. Windmühlen haben häufig vier Flügel, wobei der Luftwiderstand zum Teil durch die jalousieartige, zum Teil durch die segelartige Bauweise der Flügel verändert werden kann (Sturmsicherheit). Die Drehzahl der Rotoren ist aus Sicherheitsgründen so begrenzt, daß die Geschwindigkeit an den Flügelspitzen maximal etwa die doppelte Windgeschwindigkeit beträgt und

---

[6] In [35] werden die in den vergangenen Jahrhunderten gebauten Typen von Windmühlen detailliert beschrieben

die maximale Schnellaufzahl unter zwei gehalten wird. Deshalb und aufgrund der ungünstigen aerodynamischen Auslegung der Windmühlenflügel können höchstens etwa 30% der nach Betz theoretisch maximal umwandelbaren Windenergie an der Welle der Windmühle abgenommen werden. Aufgrund des hohen Materialaufwands im Verhältnis zur Energieproduktion sowie wegen ihrer geringen Sturmsicherheit sind Windmühlen heutzutage nicht mehr konkurrenzfähig.

— Seit etwa der Jahrhundertwende werden vor allem in den Vereinigten Staaten vielflügelige Windräder für den Direktantrieb von Pumpen gebaut. Die Windräder sind mit den Pumpen über eine Welle direkt verbunden. Das deshalb benötigte hohe Anlaufdrehmoment wird gewonnen, indem die Windkraftanlagen mit einer großen Anzahl von Blättern ausgestattet werden. Die Umdrehungszahl bleibt wie bei Windmühlen relativ gering. Bis zu 50% der nach Betz maximal umwandelbaren Windenergie kann an der Welle abgenommen werden. Für die Stromerzeugung wurden wind-charger mit wenigen Blättern gebaut, da bei der Stromerzeugung ein geringeres Anlaufdrehmoment ausreicht. Zugleich kann so eine höhere Drehzahl erreicht werden, die für den Antrieb des Stromgenerators notwendig ist. Erst durch den „Rural Electrification Act" [36] von 1936 wurde der Bau derartiger Windkraftanlagen unrentabel, da dieses Gesetz den Stromverbraucher weitgehend von der Mitfinanzierung der notwendigen Stromleitungen freistellte und so den wesentlichen Vorteil einer dezentralen Energieversorgung mit Windkraftanlagen beseitigte. Die weiter steigenden Brennstoff- und Transportkosten dürften derartige Windkraftanlagen, insbesondere zum Wasserpumpen und zur Stromerzeugung im Inselbetrieb, wieder konkurrenzfähig machen.

— Beim gegenläufigen Doppelrotor sollen ohne verbindendes Getriebe zwei Windräder mit integriertem Stator- und Rotorteil gegeneinander drehen (Ringgenerator), wobei jedes einzelne Windrad mit mehr oder weniger vielen Flügeln ausgelegt ist. Durch diese Anordnung sollen Getriebe und ein aufwendiger Generator eingespart werden [34]. Der gegenläufige Doppelrotor entspricht bei jeder Windgeschwindigkeit einer anderen äquivalenten schnellaufenden Windkraftanlage. Wie Messungen gezeigt haben, ist die Effizienz des gegenläufigen (vielflügeligen) Doppelrotors bei einem insgesamt größeren Materialaufwand geringer als die Effizienz einer adäquaten schnellaufenden Windkraftanlage mit wenigen Flügeln.

2.2 Windkraftanlagen mit vertikaler Achse

Bei Windkraftanlagen mit vertikaler Achse [27, S. 745 ff.] drehen sich die Rotoren direkt um den Turm der Windkraftanlage, wobei ein Teil des Turms manchmal als Rotorwelle dient. Getriebe und Generator sitzen am Turmfuß.

2.2.1 Schnelläufer

Schnellaufende Windkraftanlagen mit vertikaler Achse bestehen aus zwei oder drei Blättern mit symmetrischem Profil, die an beiden Enden an einer senkrechten Achse (Turm) befestigt sind, vgl. Bild 2.6. Aufgrund der Zugkräfte (Zentrifugalkräfte, aerodynamische Kräfte) sind die Blätter in einer Art Kettenlinie geformt, so daß nur vernachlässigbar kleine Biegespannungen auftreten. Wenn der Wind die rotierenden Blätter trifft, wird ein Moment erzeugt, das die Rotorwelle antreibt. Das Anlaufdrehmoment ist bei beliebigen Schnellaufzahlen und Windgeschwindigkeiten so gering, daß zum Anlaufen ein Hilfsaggregat benötigt wird. Aufgrund der speziellen Konstruktion können weder die Blätter um ihre Längsachse noch die Anlage als Ganzes aus-dem-Wind-gedreht werden. Die Leistungsbegrenzung zur Sturmsicherung wird durch eine geeignet gewählte konstante Nenndrehzahl erreicht. Wesentliche Vorteile dieser Windkraftanlage sind ihre einfache Grundkonstruktion sowie die geringe Anzahl an beweglichen Teilen.

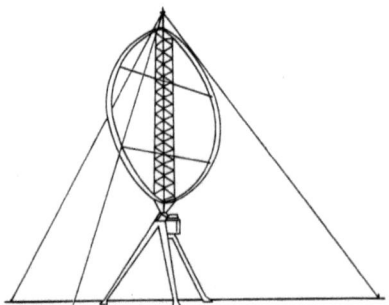

Bild 2.6. Darrieus-Windkraftanlage

Ein Spezialfall des Darrieus-Rotors ist die Giromill. Diese hat im Gegensatz zum Darrieus-Rotor gerade Rotoren, die parallel zu einer vertikalen Achse montiert sind. Weil die Zentrifugalkräfte schwer zu beherrschende Verbiegungen und Verspannungen der Blätter bewirken, kann diese Windkraftanlage nur mit relativ geringen Drehzahlen betrieben werden. Die theoretisch berechneten Wirkungsgrade sind sehr hoch. Ergebnisse von experimentellen Untersuchungen liegen vor, siehe z. B. [37].

2.2.2 Langsamläufer

Langsam laufende Windkraftanlagen mit vertikaler Achse (siehe u.a. [38] und [26, S. 111 ff.]) arbeiten häufig nach dem Savonius-Prinzip. Diese Windkraftanlagen bestehen aus zwei Halbzylindern, die gegeneinander in der Breite etwas verschoben an einer senkrechten Achse befestigt sind (siehe Bild 2.7). Die Anordnung erinnert an ein Schalenkreuzanemometer. Die Windkraftanlage läuft selbständig sehr gut an und kann aus einfachsten Materialien, z. B. aus auseinandergeschnittenen Ölfässern, gebaut werden. Der Wirkungsgrad und die Drehzahl sind niedriger als bei einer Windmühle. Savonius-Rotoren werden unter anderem zum Wasserpumpen sowie als Anlaufhilfen für Darrieus-Windkraftanlagen vorgeschlagen.

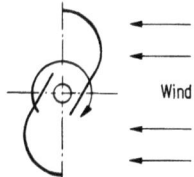

Bild 2.7. Savonius-Rotor

2.3 Sonderformen

Neben den beschriebenen Windkraftanlagen mit horizontaler und vertikaler Achse gibt es eine Vielzahl von anderen Windkraftanlagentypen[7].
— Unter anderem wird eine Tornado-Windkraftanlage vorgeschlagen, die im Prinzip darauf beruht, daß ein kontrollierter senkrechter Zyklonwirbel erzeugt wird [40]. Der Unterdruck im Zentrum des Zyklonwirbels bewirkt einen Luftstrom, der einen kleinen Rotor antreibt. Der Aufbau erinnert etwas an die ummantelte Turbine, wobei das Prinzip der Energiegewinnung jedoch völlig verschieden ist. Experimentelle Untersuchungen wurden noch nicht durchgeführt.
— Aufbauend auf dem Prinzip des magneto-hydrodynamischen Generators (MHG-Generator) könnte die Bewegungsenergie des Windes direkt in elektrische Energie umgewandelt werden. Dabei wird die aus der entgegengesetzten Ablenkung positiver und nega-

---
7 Zu diesen Vorschlägen siehe vor allem [27, S. 745 ff.] sowie [39, S. 413 ff.]

tiver Ladungen resultierende Potentialenergie genutzt, die entsteht, wenn ein ionisierter Luftstrom durch ein Magnetfeld läuft.
— Erwähnt sei noch der sogenannte Thermikturm, der die Dichteunterschiede zwischen warmer und kalter Luft nutzt. Mittels einer lichtdurchlässigen Überdachung wird Luft erwärmt, wobei die erwärmte Luft durch den Turm nach oben abzieht. Die so erzeugte Luftströmung treibt einen im Turm installierten Rotor an.

2.4 Kenngrößen von neuen Windkraftanlagen

Seit Beginn des 20. Jahrhunderts werden Windmühlen zur Stromerzeugung entwickelt, die sturmsicherer, weniger wartungsintensiv und effizienter als die seit Jahrhunderten verwendeten Windmühlen sein sollen[8]. Diese Entwicklungen haben einige Gemeinsamkeiten. Mit großer Euphorie und relativ bescheidener Kapitalausstattung wurden umfangreiche Planungen erstellt. Vor dem Bau einer Vielzahl von Windkraftanlagen wollte man zuerst einige kleinere Windkraftanlagen erstellen und testen. Nach dem Auftreten größerer Schwierigkeiten, wie sie für alle neuen technischen Entwicklungen charakteristisch sind, wurde allerdings die weitere Entwicklung gestoppt. Auf groben Kostenschätzungen aufgebaute Wirtschaftlichkeitsberechnungen für Windkraftanlagen zeigten nämlich, daß selbst ohne alle technischen Probleme bei den damals herrschenden Brennstoffpreisen Windkraftnutzung zur Stromerzeugung nicht wirtschaftlich war.

Die letzten Jahre sind nun gekennzeichnet durch starke Preiserhöhungen für fossile Brennstoffe, unübersehbare Probleme einer forcierten Kernkraftnutzung sowie immer schärferen Umweltschutzbestimmungen. Windenergie kennt weder Abfallprobleme, noch Abwärmeprobleme, noch Brennstoffpreissteigerungen und verursacht auch keinerlei Importabhängigkeit. Deshalb überprüfen seit einigen Jahren immer mehr Länder eine mögliche Nutzung auch der Windenergie für ihre Energieversorgung. Im Vordergrund der initiierten Forschungsprogramme steht eine mögliche großtechnische Umwandlung der Windenergie in elektrische Energie. Kernpunkte der Forschungsprogramme sind Potentialabschätzungen, Windgeschwindigkeitsuntersuchungen sowie der Bau von einem oder mehreren Prototypen einer großen Windkraftanlage.

Die Tabellen 2.1 ff. enthalten die technischen und wirtschaftlichen Kenndaten einiger der im Rahmen dieser Windenergieforschungspro-

---

[8] Eine Beschreibung der historischen Entwicklung der Windkraftnutzung sowie der bis 1977 auf der Welt gebauten größeren Windkraftanlagen zur Stromerzeugung ist in [41] enthalten

Tabelle 2.1. Technik der geplanten bzw. bereits fertiggestellten größeren Windkraftanlagen zur Stromerzeugung mit *horizontaler Achse**

Land:		Schweden	USA	Dänemark	Dänemark	USA	USA	Deutschland	Schweden	Deutschland	Deutschland
Ort bzw. Anzahl:		Älvkarleby	3	Ulfborg-Jütland	Nike/2	Boone/N.Car.	3	Stötten	2	Nordseeküste	Nordseeküste
Hersteller:		Saab-Scania	Westinghouse Mod. OA	TVIND-Schule	Elsam	General-Electric Mod. 1	Boeing Mod. 2	Voith	Konsortien	MAN GRO-WIAN	MBB GRO-WIAN II
Durchmesser	m	18	38	54	40	60	91	52	78	100	145
überstrichene Fläche	m²	254,5	1134	2290,2	1257	2827,4	6504	2124	4778	7854	16513
spezif. Generatorleistung	W/m²	247	180	742	500	707	384	127	628	380	303
Nennleistung (AC)	kW	63	200	1700	630	2000	2500	270	3000	3000	5000
Nennwindgeschwindigkeit[a]	m/s	10	10,7	14,2	13	14,4	12,5	8,0	13,9	12,5	11,2
Mindestwindgeschwindigkeit[a]	m/s	5	4,5	ca.5	5,5	6,5	5,5	3	4,9	5,5	6
Nenndrehzahl	1/min	77	40	max.40	34	35	17,5	37	25	18,5	18
Geschw. an der Flügelspitze	m/s	72,6	79,6	max.113,1	71,2	110,0	83,4	100,7	102,1	96,9	136,7
Nennschnellaufzahl[b]		7,3	7,44	max.8,0	5,5	7,64	6,7	12,6	—	7,75	12,2
Effizienz[c]	%	70	41	73	64	67	55	70	67	55	61
Anzahl u. Lage der Flügel		2/h	2/h	3/h	3/v	2/h	2/v	2/h	2	2/h	1/h
Anstellwinkel verstellbar		ja	ja	ja	nein	ja	ja	ja	ja	ja	ja
Höhe des Turms	m	25	ca.30	53	45	45	60	30	80	100	110
Testbeginn		4/1977	2/1978	6/1978	1979	1979	1980	1980	1981	1982	1983

* Anmerkungen siehe Seite 40

gramme gebauten bzw. geplanten Windkraftanlagen[9]. Es ist dabei zu beachten, daß bei Windkraftanlagen im Gegensatz zu herkömmlichen Kraftwerken nicht die installierte Leistung, sondern die von den Rotoren überstrichene Fläche (installierte Flügelkreisfläche) die Höhe der Baukosten sowie die Jahresenergieproduktion wesentlich mitbestimmt. Zwei Windkraftanlagen können deshalb besonders gut durch die spezifischen Kosten und Leistungen pro installiertem Quadratmeter verglichen werden. Gleichzeitig ist deshalb der naheliegende Vergleich von Produktion und Kosten pro installiertem Kilowatt von Windkraftanlagen einerseits und von herkömmlichen Kraftwerken andererseits normalerweise unzulässig. Die Jahresenergieproduktion pro installiertem Kilowatt von Windkraftanlagen entspricht der maximal möglichen Jahresbenutzungsdauer von herkömmlichen Kraftwerken und kann deshalb als Maß für die Gleichmäßigkeit der Windenergieproduktion benutzt werden.

Tabelle 2.2. Technik der geplanten bzw. bereits fertiggestellten größeren Windkraftanlagen zur Stromerzeugung mit *vertikaler Achse**

	Land: Ort: Hersteller:	USA Albuquerque Sandia-Lab.	Canada Magdalen Islands Hydro Quebec/ NRC
max.senkr. (waagr.) Durchm.	m	16,5 (13,2)	36,6 (24,4)
überstrichene Fläche[e]	m^2	60,0	491
Nennleistung/m^2	W/m^2	833	468
Nennleistung (AC)	kW	50	230
Nennwindgeschwindigkeit[a]	m/s	15,2	13,4
Mindestwindgeschwindigkeit	m/s	4,5	6,7
Nenndrehzahl	1/min	30—49	38
Geschw. an der Flügelspitze[f]	m/s	max. 33,9	48,6
Nennschnellaufzahl[b]		2,23	3,62
Effizienz[c]	%	66,7	54,8
Anzahl der Flügel		2	2
Anstellwinkel verstellbar		systembedingt verändert sich der Anstellwinkel kontinuierlich	
Höhe des Turms[d]	m	14	27,5
Testbeginn		3/1977	7/1977

* Anmerkungen siehe Seite 40

---

[9] Weitere geplante Anlagen sind in den im Anhang angegebenen Tagungsberichten beschrieben; u. a. sind für 1981 in Schweden zwei Windkraftanlagen mit etwa 80 m Durchmesser und 3 MW installierter Leistung und in den USA ein Windkraftanlagenpark mit drei 90 m/2,5 MW Windkraftanlagen geplant

Tabelle 2.3. Kosten- und Produktionsschätzungen der geplanten bzw. bereits fertiggestellten größeren Windkraftanlagen zur Stromerzeugung mit *horizontaler Achse**

Land:		Schweden	USA	Däne-mark	Däne-mark	USA	USA	Deutsch-land	Schweden	Deutsch-land	Deutsch-land
überstr. Fläche	m^2	254,4	1134,0	2290,2	1257	2827,0	6504,0	2124,0	4778	7854,0	16513
Nennleistung	kW	63	200	1700	630	2000	2500	270	3000	3000	5000
Gesamtkosten[a]	$DM \cdot 10^6$	2,7	2,5	1,4[c]	3,5	6,6	22,0[d]	3,0	18	25,0[e]	30[e]
spezif. Kosten	$DM \cdot 10^3/m^2$	10,6	2,2	0,6	2,78	2,3	3,4	1,4	3,8	3,2	1,8
spezif. Kosten	$DM \cdot 10^3/kW$	42,9	12,5	2,0	5,56	3,3	8,8	11,1	6,0	8,3	6,0
Gesamtproduktion[f]	GWh/a	0,27	0,99	3,68	2,0	4,49	8,47	1,44	8,5	10,19	16,9
			(0,90)	(4,0)	(1,5)	(7,40)	(8,34)	(0,96)[e]	(6,7)	(13,0)[e]	
bei $\bar{v}$[b]	m/s	8,0	8,0	8,0	8	8,0	8,0	8,0	8,0	8,0	8
			(ca. 7,5)	(ca. 6,0)	(ca. 7)	(10,3)	(8,6)	(6,0)	(8,0)	(9,0)	
spezif. Produktion	$MWh/m^2 \cdot a$	1,08	0,87	1,61	1,59	1,59	1,30	0,68	1,78	1,30	1,02
			(0,79)	(1,75)	(1,19)	(2,62)	(1,28)	(0,45)	(1,40)	(1,66)	
spezif. Produktion	$MWh/kW \cdot a$	4,27	4,95	2,16	3,17	2,24	3,39	5,35	2,83	3,40	3,38
			(4,50)	(2,35)	(2,38)	(3,70)	(3,32)	(3,56)	(2,23)	(4,33)	

* Anmerkungen siehe Seite 40

Die in den Tabellen 2.3 und 2.4 angegebenen Kosten- und Produktionsangaben beruhen auf Schätzungen für erste Prototypen und können sich bei Serienfertigung noch erheblich ändern.

Tabelle 2.4. Kosten- und Produktionsschätzungen der geplanten bzw. bereits fertiggestellten größeren Windkraftanlagen zur Stromerzeugung mit *vertikaler Achse*

	Land:	USA	Canada
überstrichene Fläche	m²	60,0	491
Nennleistung (AC)	kW	50	230
Gesamtkosten[a]	DM · 10⁶	?	0,58[g]
spezif. Kosten	DM · 10³/m²	—	1,18
spezif. Kosten	DM · 10³/kW	—	2,52
Gesamtproduktion[h]	GWh/a	0,08	0,55
bei $\bar{v}$ [b]	m/s	8,0	8,0
spezif. Produktion	MWh/m² · a	1,31	1,13
spezif. Produktion	MWh/kW · a	1,58	2,40

Anmerkungen zu den Tabellen 2.1 und 2.2:
- [a] Gemessen in Naben- bzw. Turmhöhe (siehe auch Fußnote d)
- [b] Schnellaufzahl bei Nennleistung. Die Angabe einer Schnellaufzahl für Windkraftanlagen mit vertikaler Achse erscheint problematisch, da hier die Bewegungsrichtung des Rotors z. T. parallel, z. T. senkrecht zur Windgeschwindigkeit erfolgt
- [c] Effizienz bei Nennleistung bezogen auf das Betzsche Limit von 16/27 der in der Luftströmung enthaltenen Energie. Es ist noch unklar, ob das Betzsche Limit auch für Anlagen mit vertikaler Achse gültig ist (siehe dazu [26])
- [d] Bis zur Mitte des Windrads gerechnet, damit diese Höhe mit der Nabenhöhe bei Windkraftanlagen mit horizontaler Achse vergleichbar ist
- [e] Diese Werte sind berechnet mit: maximale Höhe mal 1,1 mal maximale Breite mal 0,5
- [f] Unter Flügelspitze sei hier der am weitesten von der vertikalen Achse entfernte Flügelteil verstanden.

Anmerkungen zu den Tabellen 2.3 und 2.4:
- [a] Umrechnungskurse:
  - 1 US Dollar ≙ DM 2,00,
  - 1 DK ≙ DM 0,36,
  - 1 SK ≙ DM 0,44.

  Die Kostenangaben beruhen auf Angaben der Hersteller und sind bei den noch nicht fertiggestellten Windkraftanlagen als Schätzung für den ersten Prototyp aufzufassen
- [b] $\bar{v}$: Jahresdurchschnitts-Windgeschwindigkeit in Nabenhöhe
- [c] Diese Gesamtkosten enthalten als Arbeitskosten nur Essen und Unterkunft, da die Windkraftanlage von freiwilligen Helfern gebaut wurde
- [d] Die nächsten beiden Anlagen sollen pro Anlage nur noch 7,5 Mio. DM kosten
- [e] Erste Schätzung, die endgültigen Kosten für den ersten Prototyp liegen vermutlich doppelt so hoch
- [f] Die Werte beruhen auf eigenen Berechnungen. Die Werte in Klammern sind Schätzungen der Hersteller
- [g] Die Kosten schließen das Fundament nicht mit ein. Die nächsten Anlagen sollen nur noch 300 000 DM kosten
- [h] Als Produktionsschätzungen wurden 80% der Jahresproduktion von Windkraftanlagen mit horizontaler Achse und gleicher überstrichener Fläche sowie gleicher spezifischer Generatorleistung verwendet. Die tatsächliche Produktion von Anlagen mit vertikaler Achse ist wahrscheinlich niedriger
- [i] Auch die Werte in Klammern basieren hier auf eigenen Berechnungen

2.5 Energiespeicher[10]

Für die Vergleichmäßigung von Windenergieproduktion wird immer wieder die Nutzung von Energiespeichern vorgeschlagen. Deshalb soll im folgenden eine stichpunktartige Beschreibung der derzeit zur Verfügung stehenden Speicher für elektrische Energie vorgenommen werden.

Als Speicher für elektrische Energie werden derzeit vor allem hydraulische Pumpspeicher und neuerdings auch Luftspeicher genutzt. Daneben sind unter anderem Schwungradspeicher, Batterien sowie durch Elektrolyse gewonnener Wasserstoff in der Diskussion.

2.5.1 Hydraulische Pumpspeicher

Hydraulische Pumpspeicher eignen sich besonders gut als Speichersystem für Windkraftwerke. Sie haben folgende Vorteile:
— sehr kurze An- und Abfahrtszeiten,
— hohe Laständerungsgeschwindigkeit,
— gute Regelfähigkeit,
— hervorragende Eignung für ferngesteuerten vollautomatischen Betrieb,
— sehr hoher Gesamtwirkungsgrad zwischen 70% und 85%,
— kein Brennstoffverbrauch, da in beiden Energieflußrichtungen nur elektro-hydraulische Umsetzung stattfindet.

Diesen Vorteilen stehen folgende Nachteile gegenüber:
— nur in gebirgigen Gegenden baubar,
— Zusammenspiel zwischen Windkraftanlagen an der Küste und hydraulischen Pumpspeichern im Binnenland nur mittels aufwendiger Überlandleitungen möglich.

Bild 2.8 zeigt im rechten Teil den Aufbau eines hydraulischen Pumpspeichers. Das Oberbecken wird üblicherweise künstlich erstellt, während als Unterbecken meist ein Fluß genutzt wird. Häufig werden mehrere Pumpspeicherkraftwerke zusammengefaßt, indem das Unterbecken des oberen Speicherkraftwerks als Oberbecken des unteren Speicherkraftwerks genutzt wird. Tabelle 2.5 gibt die technischen und ökonomischen Kenndaten einiger deutscher hydraulischer Pumpspeicherkraftwerke an. Da in der Bundesrepublik Deutschland der Großteil der für hydraulische Pumpspeicher geeigneten Gebiete bereits genutzt ist, sehen Planungen vor, daß in mehreren 100 m Tiefe ein künstliches Unterbecken geschaffen wird und als Oberbecken ein Fluß oder See dient.

---
10 Siehe dazu auch Abschnitt 3.2

Tabelle 2.5. Technische und ökonomische Kenndaten einiger deutscher hydraulischer Pumpspeicher[a]

	(1) Jahr	(2) Höhe m	(3) Volumen $10^6 \cdot m^3$	(4) $P_{Turb.}$ MW	(5) Inhalt MWh[b]	(6) Dauer h[c]	(7) Investitionskosten 10^6 DM[d]	(8) Investitionskosten DM/kW	(9) Investitionskosten DM/kWh	(10) Investitionskosten DM/m³
Geesthacht	1958	86	3,0	120	562	4,68	180	1501	320	60
Erzhausen	1964	295	1,6	220	1028	4,67	250	1137	243	156
Glems	1964	305	1,1	90	731	8,12	156	1727	213	142
Rönkhausen	1966	266	1,2	145	695	4,79	133	917	192	111
Säckingen	1966	410	2,1	360	1876	5,21	369	1024	197	176
Wehr	1975	626	4,0	992	5455	5,50	573	578	105	143
Langenprozelten	1975	297	1,4	165	906	5,49	186	1126	205	132

[a] Siehe [42, S. 60]. Die Spalten 5, 6, 8, 9 und 10 beruhen auf eigenen Berechnungen

[b] Maximal nutzbare Speicherenergie (Ausspeicherwirkungsgrad 80 %): Inhalt = Volumen · Höhe/459 [kWh]

[c] Maximale Ausspeicherdauer bei maximaler Turbinenleistung

[d] Alle Kostenangaben sind mit einem (in der obigen Zitierstelle verwendeten) Diskontierungssatz von 6 % auf das Basisjahr 1977 hochgerechnet

Bild 2.8. Gleichdruck-Luftspeicher kombiniert mit einem hydraulischen Pumpspeicher

2.5.2 Luftspeicher[11]

Luftspeicher haben folgende Vorteile:
— kurze An- und Abfahrtszeiten,
— hohe Laständerungsgeschwindigkeiten,
— wenig Energieeigenbedarf,
— einfacher Aufbau,
— in flachen Küstengegenden installierbar,
— gut geeignet für ferngesteuerten vollautomatischen Betrieb.
Diesen Vorteilen stehen folgende Nachteile gegenüber:
— mäßige Regelfähigkeit,
— relativ geringer Gesamtwirkungsgrad von ca. 35% bei reinen Luftspeichern.

Luftspeicher werden je nach den geologischen und topographischen Verhältnissen als Gleichdruck- oder Gleitdruck-Luftspeicher gebaut.

Ein Gleichdruck-Luftspeicher ist ein Verdrängungsspeicher, bei dem Wasser als Verdrängungsmedium verwendet wird. Beim Füllen drückt die Luft das Wasser aus dem Speicher in ein oberirdisches Wasserbecken. Bei der Entnahme im Nutzleistungsbetrieb drückt das Wasser die Luft durch die Turbine, vgl. Bild 2.8. Ein derartiger Gleichdruck-Luftspeicher läßt sich sehr günstig mit einem hydraulischen Pumpspeicher verbinden, indem das Unterbecken des hydraulischen Pumpspeichers als Oberbecken des Gleichdruck-Luftspei-

---

11 Siehe [43—46]. Zu einer detaillierten Übersicht der technischen und wirtschaftlichen Vor- und Nachteile von Luftspeicher-Gasturbinen siehe [47]

chers genutzt wird. Diese Anordnung ermöglicht einen gleichzeitigen Turbinen- bzw. Pumpbetrieb beider Speicherkraftwerke.

Bei einem Gleitdruck-Luftspeicher wird während des Verdichterbetriebs („Pumpbetrieb") Luft in einem Hohlraum komprimiert. Im Nutzleistungsbetrieb („Turbinenbetrieb") treibt die aus dem Hohlraum ausströmende Luft eine Turbine an.

Pro gespeicherte Kilowattstunde benötigen Gleitdruck-Luftspeicher etwa 3- bis 4mal so viel Speichervolumen wie Gleichdruck-Luftspeicher. Besonders geeignet für Luftspeicher sind Hohlräume in Salzstöcken. Derartige Luftspeicher müssen als Gleitdruck-Luftspeicher ausgeführt werden, da sonst das bei Gleichdruck-Luftspeichern für den Druckausgleich benötigte Wasser den Salzstock mehr und mehr ausspülen würde. Da die Investitionskosten für Hohlräume in Salzstöcken erheblich geringer sind als für solche im Fels, kann ein Gleitdruck-Luftspeicher trotz des erheblich größeren benötigten Hohlraums pro Kilowattstunde Speicherleistung wirtschaftlicher sein als ein Gleichdruck-Luftspeicher.

Bei einem reinen Luftspeicher, bei dem die Turbine allein mit Druckluft betrieben wird, werden für eine kWh Generatorenergie ca. drei kWh für Verdichterenergie („Pumpspeicher") benötigt. Die Effizienz beträgt hier also nur etwa 33 % verglichen mit bis zu 80 % bei hydraulischen Pumpspeichern. Zur Erhöhung der Speichereffizienz wird vorgeschlagen, einen Luftspeicher mit einer Gasturbine zu verbinden [43—45, 47].

Bei einer Gasturbine werden etwa zwei Drittel der Turbinenleistung zum Antrieb des Verdichters benötigt, und nur etwa ein Drittel der Turbinenleistung steht zum Antrieb des Generators zur Verfügung. Es liegt nun nahe, Turbinen- und Verdichterbetrieb mechanisch und zeitlich voneinander zu trennen. Zwischen Verdichter und Turbine wird ein Luftspeicher eingeschaltet, der mit während lastschwachen Stunden kostengünstig erzeugter Energie gefüllt wird. Gleichzeitig kann die sonst für die Luftverdichtung erforderliche Wellenleistung nun zusätzlich zum Generatorantrieb genutzt werden.

Tabelle 2.6 und Bild 2.9 geben eine kurze Beschreibung der 1977 in Neuhuntdorf bei Bremen errichteten ersten Gleitdruck-Luftspeicher-Gasturbine. Deren Speicherkosten liegen etwa in der Größenordnung von hydraulischen Pumpspeichern. In Verbindung mit einer Gasturbine brauchen Gleichdruck-(Gleitdruck-)Luftspeicher etwa 0,2 m^3 bis 0,3 m^3 (0,8 m^3 bis 1,1 m^3) Speicherkapazität pro gespeicherter Kilowattstunde. Bei hydraulischen Pumpspeichern ist das benötigte Speichervolumen etwa proportional zur Fallhöhe und beträgt bei

Tabelle 2.6. Kenndaten der Luftspeicher-Gasturbine in Neuhuntdorf

Jahr	Volumen	$P_{Turb.}$	Inhalt	Dauer	Investitionskosten	Investitionskosten	Investitionskosten	Investitionskosten
	$10^6 m^3$	MW	MWh	h	DM $10^{6\,a}$	DM/kW	DM/kWh	DM/m^3
1977	0,3	290	580	2	115	397	198	383
Kenndaten des Speicheranteils[a]								
1977	0,3	174	348	2	68,6	394	197	229

[a] Wie im Text erläutert, können dem Luftspeicher 60%, der Gasturbine 40% der Energieproduktion zugerechnet werden

den süddeutschen Speicherkraftwerken zwischen 0,7 m³/kWh und 1,6 m³/kWh, vgl. Tabelle 2.5.

Die Effizienz des Luftspeichers läßt sich berechnen, indem die Luftspeicher-Gasturbine in ihre zwei Bestandteile, Luftspeicher einerseits und Gasturbine andererseits, zerlegt wird. Wie in Bild 2.9 zu sehen, werden je kWh Speicherentnahme 0,83 kWh$_e$ Verdichterarbeit sowie 5,9 MJ an fossilen Brennstoffen für die Gasturbine benötigt. Bei einem Umwandlungsfaktor (Wirkungsgrad) von 25% für eine herkömmliche Gasturbine ohne Vorwärmer (offene Bauweise wie bei der Gasturbine in Neuhuntdorf) werden von einer Gasturbine ohne Luftspeicher 5,9 MJ in 0,4 kWh umgewandelt. Demzufolge kön-

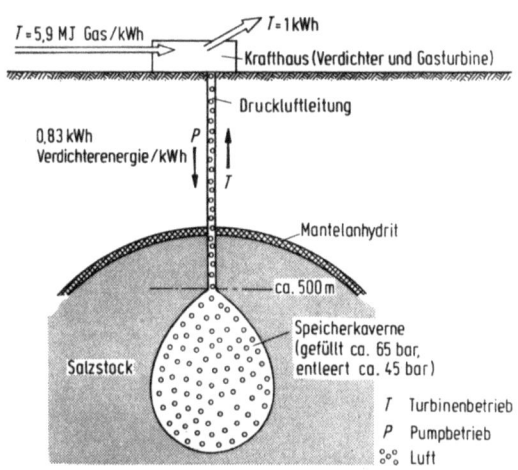

Bild 2.9. Schema der Gleitdruck-Luftspeicher-Gasturbine bei Neuhuntdorf

nen den 0,83 kWh$_e$ Verdichterarbeit die restlichen 0,6 kWh$_e$ Generatorarbeit zugerechnet werden. Das entspricht einer Effizienz des Luftspeichers von 0,72 (= 0,6/0,83), die damit beinahe so hoch liegt wie die Speichereffizienz von hydraulischen Pumpspeichern.

Luftspeicher-Gasturbinen haben gegenüber hydraulischen Pumpspeichern den wesentlichen Vorteil, daß bei entsprechender Bauweise auch ein Betrieb der Gasturbine bei leerem Speicher möglich ist. Die Leistung der Turbine sinkt dann jedoch auf etwa 35 % der Nennleistung.

2.5.3 Sonstige Energiespeicher

Neben hydraulischen Pumpspeichern und Luftdruckspeichern sind derzeit als Speichertechniken vor allem das Schwungrad, die Batterie sowie die Elektrolyse in der Diskussion.

Schwungradspeicher [48, 49] haben folgende Vorteile:
— hohe Lade- und Entladegeschwindigkeit,
— unbegrenzte Lade- und Entladezyklen,
— hoher Wirkungsgrad bei Kurzzeitspeicherung,
— Geräuscharmut,
— Umweltfreundlichkeit,
— sehr geringer Platzbedarf,
— verbrauchernahe Aufstellungsmöglichkeit.

Diesen Vorteilen stehen folgende Nachteile gegenüber:
— nur für Kurzzeitspeicherung verwendbar, da hohe Verluste bei längerer Speicherzeit auftreten,
— keine ausgereifte Technik.

Schwungradspeicher können Schwankungen des Windenergieangebots im Sekunden- und Minutenbereich ausgleichen und insbesondere die Frequenz- und Spannungsstabilität erhöhen. Die spezifischen Investitionskosten können mit 1000 DM/kW bzw. 300 DM/kWh (Preisstand 1977) angenommen werden[12].

Batterien [48, S. 641 ff.] haben vor allem folgende Vorteile:
— Wartungsarmut,
— Umweltfreundlichkeit,
— verbrauchernahe Speicherung,
— deshalb geringe Leitungskosten.

---

12 Siehe [48, S. 660]. Im Max-Planck-Institut für Plasmaphysik in Garching wird mittels eines älteren Schwungrades aus Stahl eine Leistung von bis zu 167 MVA für 10 bis 15 s zur Verfügung gestellt. Das entspricht einer Speicherleistung von ca. 0,6 MWh

Diesen Vorteilen stehen folgende Nachteile gegenüber:
— kurze Lebensdauer,
— nur wenige Speicherzyklen,
— hohe Investitionskosten.

Batterien werden bei den heute üblichen großtechnischen Stromversorgungssystemen nicht als Speicher genutzt. Derzeit im Handel befindliche Batterien haben eine relativ kurze Lebensdauer und sind nur für wenige Lade-Entladezyklen ausgelegt. Deshalb müssen die Investitionskosten von 200 DM pro Kilowattstunde (Preisstand 1977) als sehr hoch bezeichnet werden. Es ist nicht damit zu rechnen, daß in absehbarer Zeit die Investitionskosten wesentlich gesenkt werden können. Zwar wurde für Zwecke der Raumfahrt sowie für militärische Anwendungen eine Reihe neuartiger Batteriesysteme entwickelt, jedoch sind diese Systeme infolge der Verwendung von teuren und seltenen Rohstoffen für breitere Anwendungen nicht geeignet. Bei einer großtechnischen Energie werden deshalb Batterien wohl nicht als Energiespeicher in Betracht kommen.

Bei kleineren Windkraftanlagen für die Stromversorgung entlegener Gebiete ist jedoch durchaus zu prüfen, ob nicht Batterien als Speicher Verwendung finden könnten[13].

Kleinere Windkraftanlagen werden üblicherweise keine stabile Frequenz für den erzeugten Wechselstrom garantieren können. Deshalb ist zu überlegen, inwieweit Windkraftanlagen nicht besser Gleichstrom produzieren und diesen direkt in einen Batteriespeicher einspeisen. Aus dem Batteriespeicher kann dann mit Hilfe eines Wechselrichters (ca. 100 DM/kW, Preisstand 1977) Wechselstrom konstanter Frequenz und konstanter Spannung an die Verbraucher abgegeben werden.

Neben dem Schwungrad sowie der Batterie sei hier kurz auf die Elektrolyse eingegangen[14]. Grundsätzlich erscheint es wegen des relativ geringen Wirkungsgrades der Elektrolyse von 25 bis 40 % nicht besonders sinnvoll, hochwertige elektrische Energie in geringwertigere gasförmige Energie umzuwandeln. Zudem führt das unregelmäßig anfallende Windenergieangebot zu einer schlechten Auslastung der sehr teuren Elektrolyseanlagen.

---

13 So wird z. B. von der VARTA Batterie AG, Hagen, seit Dezember 1975 versuchsweise in Immensen bei Hannover eine 4 kW/4,4 m-Windkraftanlage zusammen mit einem 25-kWh-Batteriespeicher betrieben. Siehe dazu [50, S. 16]
14 Zu den technischen und ökonomischen Kenndaten siehe [48, S. 609 ff.], [51, S. 327 ff.], u. v. a. [52, S. 3 ff.]

Eine Umwandlung der durch Windenergie erzeugten elektrischen Energie in Wasserstoff oder andere Sekundärenergieträger könnte evtl. dann zweckmäßig sein, wenn ein Teil der unregelmäßig anfallenden Windenergie aus produktionstechnischen oder absatzbedingten Gründen nicht direkt an das Verbundnetz abgegeben werden kann. Der durch Elektrolyse gewonnene Wasserstoff und Sauerstoff könnte dann in hocheffizienten H_2/O_2-Spitzenlastkraftwerken (sogenannten Brennstoffzellen mit Wirkungsgraden über 50 %) oder in herkömmlichen Gasturbinen verbrauchernah und äußerst umweltfreundlich zur Abdeckung der Spitzennachfrage verwendet werden. Dabei ist jedoch zu berücksichtigen, daß bei einer derartigen Wasserstofferzeugung Windenergie in direkter Konkurrenz mit der während nachfrageschwachen Zeiten kostengünstig erzeugten elektrischen Energie aus konventionellen Kraftwerken steht.

Teil II
Integration von Windkraftwerken in das Stromversorgungssystem

3 Integrationsmodell

Bei einer Integration von Windenergie in das bestehende Stromversorgungssystem ist zu untersuchen, wie das starken Fluktuationen unterliegende Windenergieangebot, die regelmäßig schwankende Stromnachfrage sowie Zusammensetzung und Regelungseigenschaften des bestehenden Kraftwerk- und Speichersystems technisch und wirtschaftlich optimal aufeinander abgestimmt werden können.

Die Nutzung regenerativer Energiequellen wie Sonne und Wind hat einen sehr hohen Fixkosten- und einen sehr niedrigen Betriebskostenanteil; deshalb muß ein anfallendes Angebot solcher Energie stets vor allen Brennstoffkosten verursachenden Kraftwerken eingesetzt werden. Die systematische Untersuchung erfolgt daher so, daß das aufgrund der stündlichen Originalmeßwerte der Windgeschwindigkeit ermittelte Windenergieangebot von den stündlichen Werten der Stromnachfrage abgezogen wird; die derart veränderte Nachfrage bedingt einen veränderten Einsatz des bestehenden Kraftwerksystems, der durch ein rechnergestütztes Integrationsmodell abgeschätzt wird. Zudem wird der Zusammenhang zwischen Windenergieschwankungen und Speichereinsatz untersucht.

Mit Hilfe des Integrationsmodells können die beiden folgenden Fragen, die bei einer Integration von Windenergie in das bestehende Stromversorgungssystem von besonderem Interesse sind, beantwortet werden:

— Werden durch den Einsatz von Windkraftwerken Brennstoffe bei den herkömmlichen Kraftwerken eingespart (Größe und Art der eingesparten Brennstoffe)?

— Müssen Reserve- bzw. Speicherkapazitäten zur Sicherstellung der Versorgungssicherheit vorgehalten werden, und wie groß müssen diese Kapazitäten im Verhältnis zur installierten Windkraftwerksleistung sein? Können durch Windkraftwerke herkömmliche Kraftwerke eingespart werden (Größe und Art der eingesparten konventionellen Kraftwerksleistung)?

3.1 Modellbeschreibung

Bild 3.1 zeigt das Modell der Integration von Windenergie in das bestehende Stromversorgungssystem.

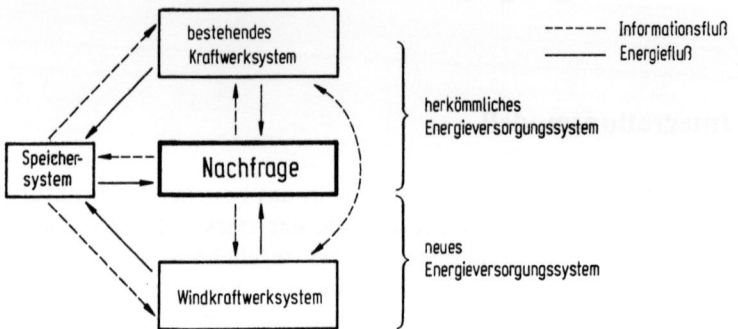

Bild 3.1. Modell eines integrierten Windenergieproduktionssystems

Die exogen vorgegebene und sehr gut prognostizierbare Nachfrage wird mit Hilfe eines der Nachfrage angepaßten Einsatzes des konventionellen Kraftwerkparks gedeckt, dessen Energieproduktion weitgehend von der Betreiberseite steuerbar ist (von ungeplanten Ausfällen und Schwierigkeiten bei der Brennstoffversorgung abgesehen). Das Speichersystem ermöglicht eine gleichmäßigere Nutzung des konventionellen Kraftwerkparks.

Sind Windkraftwerke installiert, werden diese aufgrund ihrer sehr geringen Grenzproduktionskosten immer vor allen anderen konventionellen Kraftwerken eingesetzt. Die Windenergieproduktion kann deshalb als negative Nachfrage aufgefaßt und von der Originalnachfrage abgezogen werden. Dabei ist zu beachten, daß die Schwankungen der Windenergieproduktion weitgehend unabhängig von den Schwankungen der Nachfrage stattfinden und im Gegensatz zu diesen sehr schwer prognostizierbar sind. Die zwar sehr stark schwankende, aber dennoch recht gut prognostizierbare Nachfrage wird damit durch die mehr oder weniger zufallsbedingte Windenergieproduktion überlagert. Die sich ergebende Restnachfrage schwankt grundsätzlich stärker als die Originalnachfrage und ist zudem nur noch sehr schwer prognostizierbar. Das herkömmliche Kraftwerksystem, das diese Restnachfrage decken muß, unterliegt deshalb bei einer Integration von Windkraftwerken erheblich höheren Regelungsanforderungen.

Bild 3.2 zeigt ein relativ stark disaggregiertes Modell der Integration von Windenergie in das bestehende Stromversorgungssystem.

Auf der linken Seite ist das bestehende Stromversorgungssystem dargestellt. Bei gegebener installierter Kapazität der einzelnen Kraftwerksarten gibt deren technische Verfügbarkeit die verfügbare Produktionskapazität an. In Abhängigkeit von der Nachfrage sowie der Windenergieproduktion werden die verfügbaren Kraftwerke unter der Zielsetzung minimaler Kosten entweder zur Nachfragedeckung oder zur Speicherfüllung genutzt.

Auf der rechten Seite wird das Windenergieproduktionssystem dargestellt. In Abhängigkeit von den an den gewählten Standorten herrschenden langjährigen mittleren Windgeschwindigkeiten werden Typ und Anzahl der Windkraftanlagen gewählt. Standorte mit relativ hohen langjährigen Windgeschwindigkeiten werden bevorzugt. Die momentane Windgeschwindigkeit ergibt bei gegebener Technik die Windenergieproduktion, die Summe der Windenergieproduktionen aller Standorte ergibt die gesamte Windenergieproduktion. Diese wird zusammen mit der Produktion des bereits bestehenden Stromversorgungssystems zur Nachfragedeckung sowie ggf. zur Speicherfüllung verwendet. Dabei wird das Speichersystem immer gemeinsam vom bestehenden Stromversorgungssystem und vom Windenergieversorgungssystem genutzt, siehe dazu Abschnitt 3.2.

Die Bilder 3.3 und 3.4 zeigen einen typischen Zusammenhang zwischen Nachfrage, herkömmlicher Produktion und Windenergieproduktion für das norddeutsche Küstengebiet[1]. Man sieht, daß die Nachfrageschwankungen relativ gleichmäßig sind, wohingegen die Windenergieproduktionsschwankungen sehr ungleichmäßig sind. Deutlich ist erkennbar, daß die Regelungsanforderungen an die herkömmlichen Kraftwerke durch den Einsatz von Windkraftwerken erheblich höher liegen.

Die Kenngrößen der vier zentralen Modellteile Nachfrage, bestehendes Kraftwerksystem, Speichersystem und Windkraftwerksystem sollen im folgenden stichpunktartig dargestellt werden.

Kenngrößen der Nachfrage:
— Nachfrage ist von außen fest vorgegeben,
— Deckung grundsätzlich im Moment des Auftretens erforderlich, also nicht aggregierbar,
— starke momentane, stündliche, tägliche, wöchentliche und saisonale Schwankungen, insbesondere
  · nachts geringer als während des Tages,
  · am Wochenende geringer als an Werktagen,

---
1 Zu den weiteren Annahmen siehe [5, S. 306 ff.]

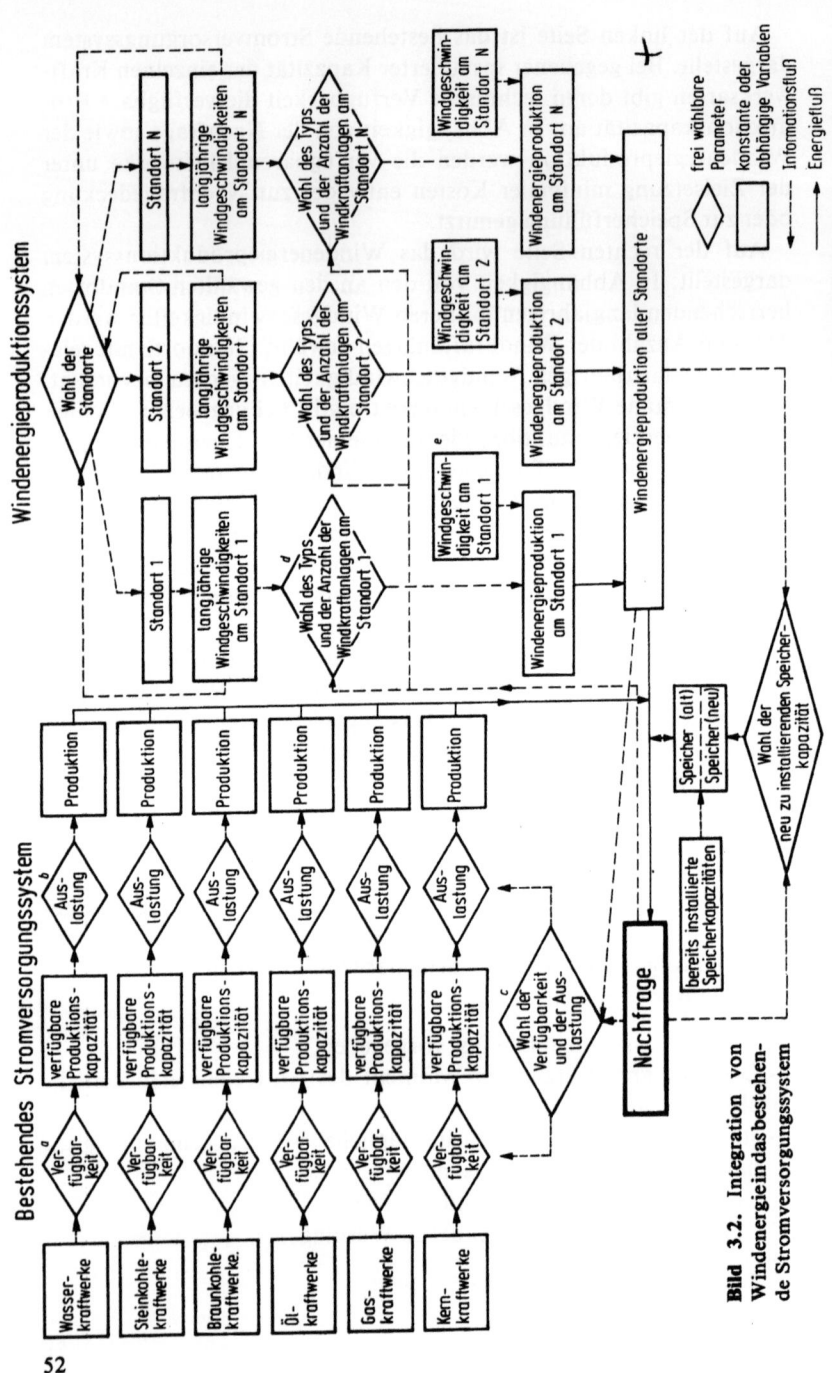

Bild 3.2. Integration von Windenergie in das bestehende Stromversorgungssystem

im Sommer geringer als im Winter,
— gute Prognostizierbarkeit des täglichen Verlaufs bis zu etwa einem Jahr.

Kenngrößen des bestehenden Kraftwerksystems:
— Art, Anzahl und installierte Leistung der Kraftwerke,
— Art und Menge der eingesetzten Brennstoffe,
— Beginn und Dauer der Wartungsintervalle gemäß dem Jahresreparaturprogramm,
— Erwartungswert der ungeplanten Ausfälle sowie deren zeitliche Verteilung, jeweils unterteilt in sofort wirksame sowie aufschiebbare Störungen,
— Anlaufdauer (also die Zeit, die ein Kraftwerk nach dem Anheizen benötigt, um mit Nennleistung am Netz zu sein),
— Regelbarkeit und Regelbereiche der einzelnen Kraftwerke, insbesondere spezifischer Brennstoffverbrauch in Abhängigkeit von der Auslastung.

Kenngrößen des Speichersystems:
— maximaler Inhalt (gegeben in MWh),
— maximale Einspeicher- bzw. Pumpleistung (gegeben in MW)
— maximale Ausspeicher- bzw. Turbinenleistung (gegeben in MW),
— Wirkungsgrad der Ein- sowie der Ausspeicherung,
— Anteil des Speicherinhalts, der für Notsituationen vorgehalten wird und damit grundsätzlich nicht für die Spitzenlastdeckung genutzt werden kann.

Anmerkungen und Erläuterungen zu Bild 3.2:

[a] Verfügbarkeit $= \dfrac{\text{maximal mögliche Produktion}}{(\text{Nennleistung} \cdot \text{Betrachtungszeitraum})}$

[b] Auslastung, gegeben durch die Benutzungsdauer $= \dfrac{\text{tatsächliche Produktion}}{(\text{Nennleistung} \cdot \text{Betrachtungszeitraum})}$

[c] Die Wahl des Verfügbarkeitsgrades und des Auslastungsgrades wird unter anderem durch die Windenergieproduktion wesentlich beeinflußt. Der Grad der Verfügbarkeit wird durch notwendige geplante und ungeplante Reparaturen nach oben begrenzt

[d] Der Windturbinentyp ist gegeben durch den Zusammenhang zwischen Windgeschwindigkeit und Leistung und der Nennleistung (bzw. Nennwindgeschwindigkeit). Falls an einem Standort verschiedene Windturbinentypen installiert werden sollen, wird dieser Standort in mehrere Standorte aufgeteilt

[e] Alternativ können verschiedene Jahre verwendet werden, da die Windgeschwindigkeiten Zufallsvariablen sind. Aus Vergleichsgründen müssen jedoch für alle Standorte Winddaten jeweils desselben Jahres verwendet werden

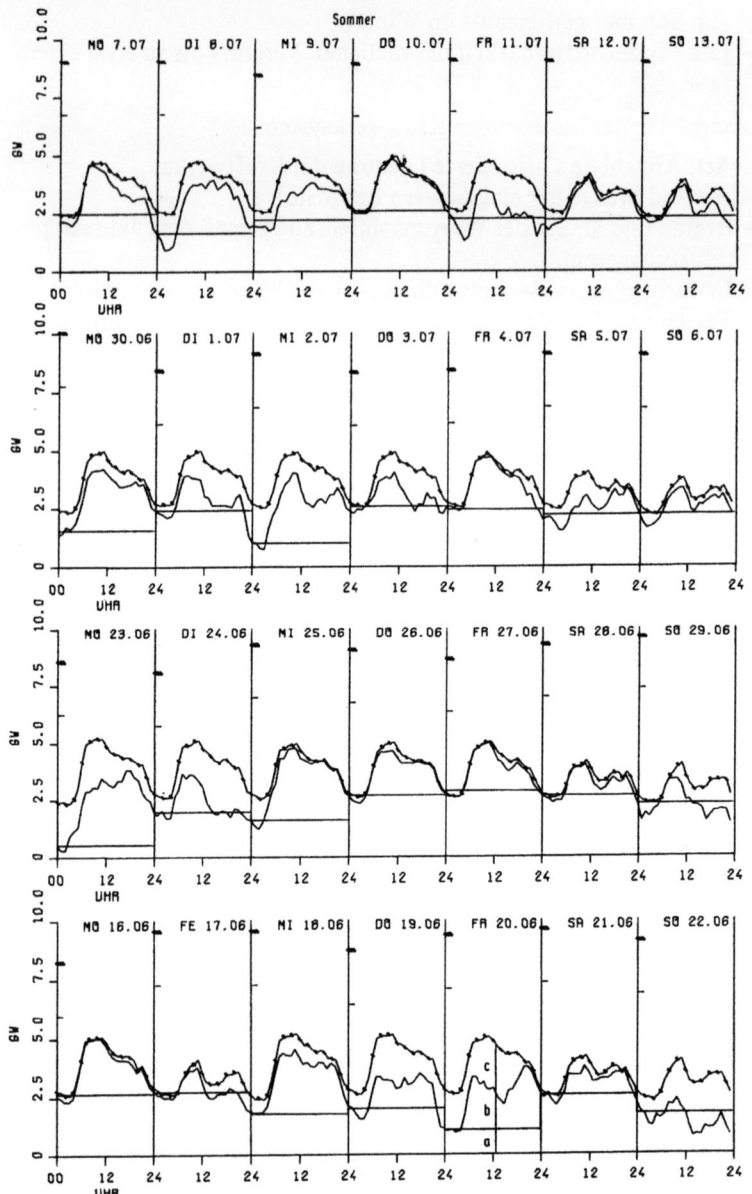

Bild 3.3. Typischer Zusammenhang zwischen Nachfrage und Produktion in herkömmlichen Kraftwerken und Windkraftwerken

a : Produktion durch herkömmliche Grundlastkraftwerke
a + b : Produktion durch herkömmliche Kraftwerke
c : Produktion durch Windkraftwerke
a + b + c: Nachfrage

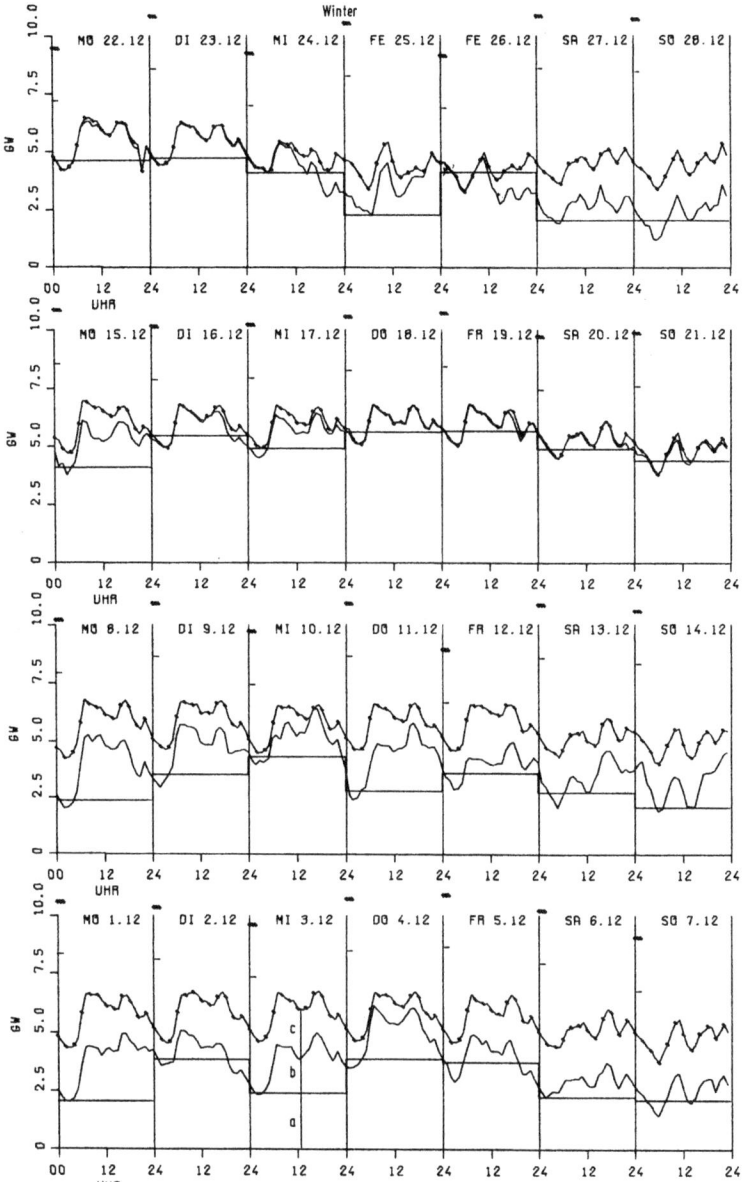

Bild 3.4. Typischer Zusammenhang zwischen Nachfrage und Produktion in herkömmlichen Kraftwerken und Windkraftwerken

a : Produktion durch herkömmliche Grundlastkraftwerke
a + b : Produktion durch herkömmliche Kraftwerke
c : Produktion durch Windkraftwerke
a + b + c: Nachfrage

Kenngrößen des Windkraftwerksystems:

— Größe und Struktur der Windgeschwindigkeiten,
— Anzahl der installierten Windkraftwerke sowie der je Windkraftwerk installierten Einzelwindkraftanlagen,
— benötigte Abstandsfläche je Windkraftanlage,
— Rotordurchmesser bzw. von den Rotoren überstrichene Kreisfläche,
— Technik der Windkraftanlagen, gegeben durch
  · Nenndrehzahl sowie maximale Anpassungsmöglichkeit der Nenndrehzahl an die momentanen Windverhältnisse,
  · spezifische Generatorleistung (Generatorleistung dividiert durch die überstrichene Kreisfläche),
  · minimal erforderliche Windgeschwindigkeit v_{min} (Anlauf-Windgeschwindigkeit),
  · für die Nennleistung erforderliche Windgeschwindigkeit v_{nom} (Nennwindgeschwindigkeit),
  · maximal nutzbare Windgeschwindigkeit v_{max} (Abschalt-Windgeschwindigkeit),
  · Zusammenhang zwischen aerodynamischem Umwandlungswirkungsgrad c_p und Schnellaufzahl λ,
  · Zusammenhang zwischen mechanisch-elektrischem Gesamtwirkungsgrad η_{tot} und Generatorleistung,
— Anteil der installierten Windkraftwerksleistung an der insgesamt installierten Kraftwerksleistung (Penetration).

Ein Simulationsmodell mit dem Namen SWING (Simulation of Wind energy Integration into the National Grid), das reale Kenngrößen des norddeutschen Küstengebiets verwendet, findet sich in [5, Kapitel 7].

3.2 Glättung von Windenergieschwankungen

Die Verfügbarkeit von Windkraftwerken ist genauso wie die Verfügbarkeit von herkömmlichen Kraftwerken von ungeplanten Störungen sowie geplanten Revisionen laut Jahresreparaturprogramm abhängig, wobei der Umfang dieser rein technisch bedingten Nichtverfügbarkeiten unterschiedlich sein kann[2]. Daneben hängt die Verfügbar-

---

[2] Die Verfügbarkeit von herkömmlichen Kraftwerken kann darüber hinaus durch Lieferengpässe bei der Brennstoffversorgung (z. B. Ölkrise) oder durch Umweltschutzbestimmungen (z. B. Smog-Alarm) vermindert werden

keit von Windkraftwerken wesentlich von der allein klimatisch bedingten Stärke und Andauer der Windgeschwindigkeiten ab.

Die Windgeschwindigkeit und damit die Windenergieproduktion unterliegt starken zufallsbedingten Schwankungen, die grundsätzlich in keinem Zusammenhang mit Schwankungen der Momentannachfrage stehen; sie können nach der Größenordnung ihrer Dauer folgendermaßen eingeteilt werden:
— sekündlich,
— minütlich,
— stündlich,
— täglich,
— wöchentlich,
— saisonal,
— jährlich.

Schwankungen im Sekundenbereich dürften wegen der Mittelung der Momentanwindgeschwindigkeit über die Rotorkreisfläche sowie der Schwungradeigenschaft des Rotors nicht zu entsprechenden Schwankungen der Windenergieproduktion führen. Ein Ausgleich durch Kurzzeitspeicher scheint demzufolge nicht erforderlich.

Schwankungen im Minutenbereich dürften, wenn überhaupt, nur bei einzelnen Windkraftanlagen bei stark böigen Winden auftreten, die durch den Bau von Windkraftanlagenparks sowie kleine Kurzzeitspeicher ausgeglichen werden können.

Schwankungen im Stundenbereich können durch ein Verbundsystem von mehreren Windkraftwerkparks geglättet und durch herkömmliche Speicherkraftwerke ganz ausgeglichen werden.

Schwankungen der Windenergieproduktion im Tagesbereich und darüber können vermutlich durch sehr weit voneinander entfernt liegende Windkraftanlagenparks, die möglichst in unterchiedlichen Klimazonen errichtet werden sollten, geglättet werden. Ein vollständiger Ausgleich dieser Schwankungen ist auf jeden Fall durch entsprechend groß dimensionierte Speicher möglich, wobei jedoch die erforderliche Speicherkapazität nur eine sehr geringe Auslastung hat.

Die Nachfrage weist genauso wie die Windenergieproduktion starke kurz-, mittel- und langfristige Schwankungen auf, die jedoch im Gegensatz zur Windenergie relativ genau prognostizierbar sind. Um zu jedem Zeitpunkt die Nachfrage exakt decken zu können, müssen die grundsätzlich für eine konstante Produktion ausgelegten herkömmlichen Kraftwerke immer wieder mit Teillast betrieben oder sogar ganz abgeschaltet werden. Teillastbetrieb führt zu erhöhtem spezifischen Brennstoffverbrauch, Abschaltung zu einer Nicht-Ausnutzung verfügbarer Kapazitäten. Deshalb werden im herkömmlichen Stromversorgungssystem zur Abdeckung der Spitzennachfragen Energiespeicher als kurz-, mittel- und langfristige Speicher installiert.

Während beim herkömmlichen Stromversorgungssystem mit Hilfe von Speichern die grundsätzlich konstante Stromproduktion an die schwankende Nachfrage angepaßt wird, ergibt sich bei der Integration von Windkraftwerken die Notwendigkeit, die stark schwankende Windenergieproduktion der stark schwankenden Nachfrage anzupassen. Dabei ist zu beachten, daß zu den Nachfrageschwankungen parallele Windenergieproduktionsschwankungen nicht durch Energiespeicher geglättet zu werden brauchen. Vielmehr müssen nur die der allgemeinen Energienachfrage entgegengesetzten Windenergieproduktionsschwankungen ausgeglichen bzw. geglättet werden.

Bei der Speicherung von Windenergie sind grundsätzlich zwei Strategien denkbar.

Gemäß der ersten Strategie wird die Windenergieproduktion durch Speicherkraftwerke möglichst stark vergleichmäßigt, wobei entweder eine konstante Produktion oder ein konstanter Anteil an der Nachfragedeckung angestrebt wird. Ist die Momentanleistung der Windkraftwerke nun höher als die gemäß der Strategie festgesetzte Leistung, so wird die Überschußleistung des Windenergiesystems eingespeichert. Ist gleichzeitig die Nachfrage sehr hoch, so muß möglicherweise das herkömmliche Stromversorgungssystem gleichzeitig Energie dem Speicher entnehmen. Aufgrund der bei jedem Ein- und Ausspeichervorgang auftretenden Umwandlungsverluste ist diese Strategie nicht optimal. Vielmehr sollten in diesem Fall die gesamte Windenergieproduktion zur Nachfragedeckung eingesetzt (also nicht durch Einspeicherung „vergleichmäßigt") und gleichzeitig die herkömmlichen Kraftwerke etwas zurückgefahren werden.

Ist in einem zweiten Fall die Windenergieproduktion sehr gering, so kann das Windenergiesystem die gemäß der Strategie festgelegte gleichmäßige Energieabgabe nur durch Energieentnahme aus dem Speicher sicherstellen. Ist gleichzeitig die Nachfrage gering, so werden die herkömmlichen Kraftwerke zurückgefahren, und häufig wird Energie eingespeichert. Wiederum wird gleichzeitig ein- und ausgespeichert, die gewählte Strategie ist nicht optimal.

Die beiden Beispiele verdeutlichen, daß das Streben nach möglichst gleichmäßiger Energieabgabe des Windenergiesystems nicht unbedingt sinnvoll ist. Eine zwar unregelmäßige, aber positiv mit der schwankenden Nachfrage korrelierte Energieproduktion ist erheblich besser zur Nachfragedeckung geeignet als eine gleichmäßige Energieproduktion. Ein Festhalten an einer möglichst gleichmäßigen Energieabgabe des Windenergiesystems führt offensichtlich zu unwirtschaftlichem Systemverhalten.

Gemäß der zweiten Strategie werden sämtliche Speicher gemeinsam von Windkraftwerken und konventionellen Kraftwerken in Abhängigkeit von der Nachfrage einerseits und der Verfügbarkeit der Kraftwerke andererseits gefüllt und entleert. Dabei werden Windkraftwerke grundsätzlich genauso wie konventionelle Kraftwerke behandelt. Windenergieproduktionsschwankungen, die zu den Nachfrageschwankungen parallel verlaufen, werden nicht geglättet, sondern vielmehr zur Abdeckung von Spitzennachfragen genutzt. Versorgungsengpässe, die durch entgegengesetzt laufende Schwankungen entstehen, werden durch Reserve- bzw. Speicherkraftwerke abgedeckt. Diese Strategie führt offensichtlich gegenüber der ersten Strategie zu einem erheblich besseren energiewirtschaftlichen Systemverhalten.

3.3 Modellergebnisse

Mit Hilfe des Integrationsmodells können als zentrale Modellergebnisse Brennstoffspareffekt und Kapazitätseffekt von Windkraftwerken bestimmt werden.

Der Brennstoffspareffekt gibt an, wieviel Brennstoffe durch ein Windkraftwerk eingespart werden. Der Kapazitätseffekt gibt an, welche konventionelle Kraftwerkskapazität ohne Verminderung der Versorgungssicherheit durch ein Windkraftwerk eingespart wird.

Die Art des Brennstoffspareffekts ist weitgehend durch die Höhe der Windenergieproduktion bestimmt. Werden durch die Integration einer relativ unregelmäßigen Energiequelle wie Wind mehr Kraftwerkstarts und mehr Bereitschaftsarbeit der konventionellen Kraftwerke erforderlich, so muß der dadurch verursachte zusätzliche Brennstoffverbrauch abgezogen werden. Im Extremfall kann es sein, daß schwer regelbare Grundlastkraftwerke wegen der Windenergieproduktion zwar etwas zurückgefahren werden können, der dadurch bedingte zusätzliche Regelungsaufwand jedoch die Brennstoffeinsparung überwiegt.

Die Größe des Kapazitätseffekts wird weitgehend durch Größe und Gleichmäßigkeit der Windenergieproduktion, die Verfügbarkeit der konventionellen Kraftwerke sowie die Penetrationsrate der Windkraftwerke bestimmt. Dabei vermindern relativ kurze, während geringer Energienachfrage auftretende Flauten den Kapazitätseffekt nur geringfügig, während länger anhaltende Flauten bei hoher Nachfrage ihn erheblich vermindern. Schwankungen der Windenergieproduktion parallel zu den Schwankungen der Nachfrage erhöhen den Kapazitätseffekt, während gegenläufige Schwankungen ihn vermindern.

Die Art des Brennstoffspareffekts sowie die Art des Kapazitätseffekts hängen weitgehend von der Korrelation zwischen Windenergieproduktion und Nachfrage, von Art und Einsatz der bereits bestehenden Kraftwerke sowie der Art der zu den Windkraftwerken alternativ geplanten neuen konventionellen Kraftwerke ab. Dabei sind die Art der eingesparten Brennstoffe und die Art der eingesparten konventionellen Kraftwerksleistung wechselseitig voneinander abhängig. Wird z. B. an Brennstoffen nur Kohle eingespart, so können gleichzeitig noch Kohlekraftwerke eingespart werden. Werden andererseits nur Kernkraftwerke eingespart, so besteht (mindestens) ein entsprechender Teil der eingesparten Brennstoffe aus Uran.

Bei Kenntnis von Größe und Art der eingesparten Brennstoffe sowie der eingesparten konventionellen Kraftwerksleistung kann mit Hilfe von Marktpreisen (Schattenpreise) relativ leicht eine einzelwirtschaftliche Bewertung der Windenergie durchgeführt werden.

4 Brennstoffeinsparung durch Windkraftwerke

Durch den Einsatz von Windkraftwerken vermindert sich die durch herkömmliche Kraftwerke zu deckende Stromnachfrage, vgl. Kapitel 3. Dies führt grundsätzlich zu einer geringeren Auslastung (Benutzungsdauer) dieser Kraftwerke. Der dadurch bedingte Minderverbrauch an Brennstoffen ergibt die Brennstoffeinsparung durch Windkraftwerke.

4.1 Windenergieproduktion

Die Windenergieproduktion ist im wesentlichen von folgenden Faktoren[1] abhängig:
— Größe und Struktur der Windgeschwindigkeiten (gegeben durch die Windgeschwindigkeitsverteilung in Nabenhöhe),
— verwendete Technik (gegeben durch die Umwandlungseffizienz von kinetischer Strömungsenergie in elektrische Energie sowie durch die Generatorgröße),
— Anzahl der installierten Windkraftwerke (gegeben durch die insgesamt von den Rotoren überstrichene Kreisfläche),
— Verfügbarkeit der Windkraftwerke.

Bei gegebener Struktur der Windgeschwindigkeiten sowie gegebener Windkraftwerkstechnik läßt sich der Zusammenhang zwischen der Jahresdurchschnitts-Windgeschwindigkeit in Nabenhöhe und der Jahresenergieproduktion je Windkraftwerk gemäß Bild 4.1 angeben. Der grundsätzlich s-förmige Zusammenhang zwischen Jahresdurchschnitts-Windgeschwindigkeit und Jahresenergieproduktion ergibt sich, weil bei wachsenden Jahresdurchschnitts-Windgeschwindigkeiten ein immer kleinerer Anteil der Momentanwindgeschwindigkeiten unterhalb der Nennwindgeschwindigkeit liegt[2]. Da nur eine Erhö-

---
1 Siehe dazu die Abschnitte 1.6 sowie 3.1
2 Ein ähnlicher s-förmiger Zusammenhang ergibt sich zwischen der Momentanwindgeschwindigkeit und der Momentanleistung, vgl. Abschnitt 1.6

hung der unterhalb der Nennwindgeschwindigkeit liegenden Windgeschwindigkeiten zu einer Erhöhung der Energieproduktion führt, bedingt der bei zunehmender Jahresdurchschnitts-Windgeschwindigkeit abnehmende Anteil dieser Windgeschwindigkeiten eine abnehmende Erhöhung der Jahresenergieproduktion.

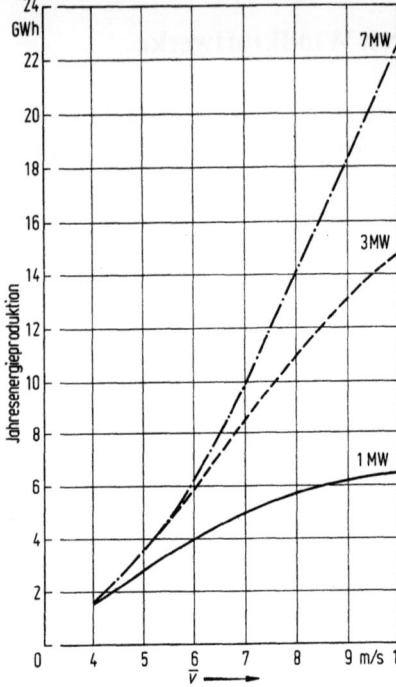

Bild 4.1. Zusammenhang zwischen Jahresdurchschnitts-Windgeschwindigkeit und Jahresenergieproduktion*

Bei der Bestimmung der Verfügbarkeit von Windkraftwerken müssen sowohl die geplanten als auch die ungeplanten Stillegungen von Windkraftwerken mitberücksichtigt werden.

Windkraftwerke sind technisch wesentlich weniger komplexe Gebilde als konventionelle Kraftwerke. So führt der Ausfall einer einzelnen Windkraftanlage nicht zum Ausfall des gesamten Windkraftwerks, da die einzelnen, mittels Verbundleitungen zu einem Wind-

---

* Zugrunde gelegt ist eine Windkraftanlage mit GROWIAN-Technologie, insbesondere mit einem Durchmesser von 100 m; die Nenndrehzahl ist für jede $\bar{v}$-MW-Kombination optimiert. Es liegen die Windstrukturen des norddeutschen Küstengebiets zugrunde. Weitere Details siehe [5, Abschnitt 5.3.2]

kraftwerk zusammengefaßten Windkraftanlagen weitgehend unabhängig voneinander betrieben werden können. Im Gegensatz dazu führt der Ausfall eines Teilaggregats (Kessel, Turbine etc.) bei konventionellen Kraftwerken zwangsläufig zum Ausfall des gesamten Kraftwerks. Deshalb dürften die Ausfallzeiten bei Windkraftwerken deutlich geringer sein als bei konventionellen Kraftwerken, wenn auch noch keine detaillierten Angaben über Umfang und zeitliche Struktur von technisch bedingten Stillständen bei Windkraftwerken gemacht werden können.

Aus technischen und energiewirtschaftlichen Gründen werden geplante Stillegungen (Revisionen, Wartungen) vor allem in windstillen Zeiten während des Sommers durchgeführt. Diese geplanten Stillegungen dürften die Jahresenergieproduktion also nur geringfügig vermindern. Andererseits werden die ungeplanten Stillegungen (Störungen) vor allem in windstarken Zeiten auftreten, da dann die Windkraftanlagen besonders stark belastet sind. Derartige Störungen können die Jahresenergieproduktion insbesondere dann erheblich vermindern, wenn Reparaturen während windstarker Zeiten nicht möglich sind.

4.2 Bestimmung der Brennstoffeinsparung

Die Größe der Brennstoffeinsparung ist im einzelnen durch folgende Faktoren bestimmt:
— Größe der Windenergieproduktion,
— Größe des zusätzlich bedingten Brennstoffverbrauchs für Regelung und Speicherung in konventionellen Kraftwerken,
— Windenergie, die die Momentannachfrage übersteigt, nicht mehr eingespeichert werden kann und deshalb nicht nutzbar ist,
— Effizienz der Stromerzeugung in herkömmlichen Kraftwerken.

Die genaue Größe der Brennstoffeinsparung läßt sich bestimmen, indem von der Windenergieproduktion die zusätzlichen Regelungs- und Speicherverluste sowie die nicht nutzbare Windenergie abgezogen werden. Bei gegebener Effizienz der Stromerzeugung in herkömmlichen Kraftwerken läßt sich die Brennstoffeinsparung bzw. die Menge der nicht in herkömmlichen Kraftwerken zu erzeugenden elektrischen Energie in Primärenergieeinheiten ausdrücken.

Wegen der Unregelmäßigkeit und zumindest langfristig sehr schlechten Prognostizierbarkeit der Windenergie ist zu erwarten, daß die Anzahl der Kraftwerkstarts sowie der Umfang der Bereitschaftsarbeit der konventionellen Kraftwerke (Regelungsaufwand) bei einer

Integration von Windenergie in das bestehende Stromversorgungssystem zunehmen.

Der quantitative Umfang des zusätzlichen Regelungsaufwands hängt vom Grad der Unregelmäßigkeit und der Prognostizierbarkeit der Windenergieproduktion sowie von Art und Einsatz des bestehenden Kraftwerkparks ab. Grundsätzlich gilt, daß sich mit wachsender installierter Windkraftwerksleistung (wachsender Penetration) sowohl die Anzahl der Kraftwerkstarts als auch der Umfang der zur Sicherung der gewünschten Versorgungssicherheit erforderlichen Bereitschaftsarbeit nicht unerheblich erhöhen. In Zeiten starker Windenergieproduktion müssen nämlich viele Kraftwerke vorübergehend abgeschaltet werden oder können nur in Teillast betrieben werden. Damit steigt die Anzahl der Kraftwerkstarts. Gleichzeitig muß wegen der schlechten Prognostizierbarkeit der Windenergieproduktion ein erhöhter Teil der konventionellen Kraftwerke Bereitschaftsarbeit leisten, um die gewünschte Versorgungssicherheit gewährleisten zu können. Detaillierte Untersuchungen haben ergeben, daß der durch Windkraftwerke zusätzlich bedingte Regelungsaufwand nicht vernachlässigbar ist [5, Abschnitt 8.1.2]. Bei der Bestimmung des durch den zusätzlich erforderlichen Regelungsaufwand bedingten Brennstoffverbrauchs ist zu beachten, daß dieser einzig dem Ausgleich der thermischen Verluste des bereits hochgefahrenen Kraftwerks dient. Damit ist der Brennstoffverbrauch für eine Kilowattstunde Bereitschaftsarbeit erheblich geringer als für eine Kilowattstunde volle Energieproduktion.

Die bei der Windenergie anfallenden Speicherverluste müssen zweigeteilt werden:
— Verluste bei der Speicherung von Windenergie, die nur durch Speicherung zur Deckung der Energienachfrage genutzt werden kann,
— Verluste bei der Speicherung von Windenergie, die zwar auch im Moment der Erzeugung ins Netz abgegeben werden könnte, aus energiewirtschaftlichen Gründen jedoch eingespeichert und zur Spitzenlastdeckung verwendet wird.

Speicherverluste der ersten Art, die einzig aus der Unregelmäßigkeit der Windenergie herrühren, müssen von der Windenergieproduktion abgezogen werden. Speicherverluste der zweiten Art hingegen, die primär wegen der Unregelmäßigkeit der Nachfrage auftreten, dürfen nicht abgezogen werden.

Die Größe des Brennstoffverbrauchs für den zusätzlich erforderlichen Regelungsaufwand hängt wesentlich von der Unregelmäßigkeit der Nachfrage und der Windenergie, der Regelfähigkeit und dem spezifischen Brennstoffverbrauch der konventionellen Kraftwerke sowie der Speichergröße und der Speicherstrategie ab und kann deshalb nur jeweils für den konkreten Einzelfall bestimmt werden. Dabei besteht eine Substitutionsmöglichkeit zwischen Speicherverlust einerseits und Regelungsverlust bei herkömmlichen Kraftwerken andererseits, so daß zusätzliche Speicher- und Regelungsverluste immer zusammen gesehen werden müssen.

Übersteigt die momentane Energieproduktion die momentane Energienachfrage, so entsteht eine nicht nutzbare Überproduktion. Konventionelle Kraftwerke werden deshalb nach Möglichkeit gerade so betrieben, daß die gesamte Momentanleistung genau der momentanen Nachfrage entspricht. Dennoch auftretende Differenzen zwischen Produktion und Nachfrage werden durch Speicher ausgeglichen.

Im Gegensatz zu konventionellen Kraftwerken können Windkraftwerke ihre Produktion nicht an die momentane Nachfrage anpassen, da die Windenergieproduktion allein von den herrschenden Windverhältnissen abhängt. Ist nun die insgesamt installierte Windkraftwerksleistung größer als die kleinste Nachfrage, so besteht grundsätzlich die Möglichkeit, daß die Windenergieproduktion die Nachfrage übersteigt. Je größer die installierte Windkraftwerksleistung bei gegebener Nachfragestruktur ist, desto häufiger wird die Windenergieproduktion die Nachfrage übersteigen. Jede die Nachfrage übersteigende Windenergieproduktion kann nur im Rahmen der Kapazität des Speichers zur Nachfragedeckung genutzt werden, der Rest ist nicht nutzbar.

Für die Bestimmung der insgesamt nicht nutzbaren Windenergie wird häufig das im Gebiet der Windkraftwerke existierende regionale Stromversorgungssystem zugrunde gelegt. Existieren zwischen den einzelnen regionalen Stromversorgungssystemen sehr starke Verbundleitungen (wie in der Bundesrepublik Deutschland), so kann ein Teil der in einer bestimmten Region (z. B. im norddeutschen Küstengebiet) produzierten Windenergie in Nachbarregionen transportiert und dort verbraucht werden. Starke Verbundleitungen vermindern also den Anteil der nicht nutzbaren Windenergie[3].

Neben starken Verbundleitungen vermindert auch ein großräumiges Windkraftwerkverbundsystem den Anteil der nicht nutzbaren

---

3 Zu den einzelnen Ergebnissen der für das norddeutsche Küstengebiet durchgeführten detaillierten Berechnungen siehe [5, Abschnitt 8.1.3]

Windenergie. Durch Zusammenschluß mehrerer voneinander entfernt liegender Windkraftwerke wird die Windenergieproduktion vergleichmäßigt und so die Wahrscheinlichkeit einer die Nachfrage übersteigenden Windenergieproduktion stark vermindert.

Bei einigen Energieversorgungsunternehmen wird bezüglich einer Integration von Windenergie in das Stromversorgungsnetz vermutet, daß zur Aufrechterhaltung der unbedingt erforderlichen Frequenz- und Spannungskonstanz eine gewisse Mindestlast durch konventionelle Grundlastblöcke gedeckt werden muß[4]; unabhängig von dieser Frage erscheint die Beschränkung des Windenergieanteils auch wegen der Größe der sonst erforderlichen (wenig ausgelasteten) Reservekapazität wirtschaftlich plausibel. Damit wird der Anteil der nicht nutzbaren Windenergie erhöht. Wird z. B. angenommen, daß mindestens 50 % der Momentannachfrage durch konventionelle Blöcke gedeckt werden müssen, kann es bereits bei einer installierten Windkraftwerksleistung in Höhe von 50 % der kleinsten Nachfrage passieren, daß ein Teil der Windenergieproduktion nicht mehr genutzt werden kann.

Die Windenergieproduktion kann grundsätzlich nur in elektrischen Energieeinheiten angegeben werden. Soll die durch Windkraftwerke bewirkte Brennstoffeinsparung in Primärenergieeinheiten ausgedrückt werden, muß der Umwandlungswirkungsgrad von Primärenergie in elektrische Energie von herkömmlichen Kraftwerken bekannt sein. Dieser beträgt in Abhängigkeit von den Kühlmöglichkeiten bei Gasturbinen etwa 25 %, bei Kernkraftwerken etwa 30 % und bei Steinkohle- und Braunkohlekraftwerken etwa 34 %, wobei jeweils eine Naßkühlturmkühlung zugrunde gelegt ist. Meerwasser- oder Flußwasserkühlung führt zur Erhöhung der Effizienz um etwa 3 Prozentpunkte, Trockenkühlturmkühlung zu einer Verringerung um etwa 3 Prozentpunkte. Wird bei der Umrechnung von elektrischer Energie in thermische Energie von einem relativ optimistischen Umwandlungswirkungsgrad von 36 % ausgegangen, so entspricht 1 TWh_e genau $10^{16} J_{th}$.

Neben der Größe der Brennstoffeinsparung ist auch deren Art von wesentlicher Bedeutung für die Bewertung von Windkraftwerken, da die einzelnen Brennstoffarten erhebliche Preisunterschiede aufweisen.

---

[4] Siehe z. B. [53]. Von mehreren norddeutschen Energieversorgungsunternehmen wird ebenfalls diese Meinung vertreten

Die Art der Brennstoffeinsparung hängt davon ab, welche konventionellen Kraftwerke wegen des Einsatzes von Windkraftwerken zurückgefahren oder gar nicht eingesetzt werden und welche konventionellen Kraftwerke für die eventuell erforderliche zusätzliche Regelungsarbeit eingesetzt werden. Die Veränderung des Kraftwerkseinsatzes hängt im wesentlichen von folgenden Faktoren ab:
— Größe und Struktur der Nachfrage,
— Größe und Struktur des Kraftwerkparks,
— Anteil der installierten Windkraftwerksleistung an der insgesamt installierten Kraftwerksleistung (Penetration),
— Art der bisher zur Nachfragedeckung eingesetzten Kraftwerke und Brennstoffe,
— zeitliche Korrelation zwischen Windenergieproduktion, Nachfrage und Kraftwerkseinsatz,
— Genauigkeit der kurz- und langfristigen Vorausschätzung der Windenergieproduktion,
— Einsatzsteuerung der konventionellen Kraftwerke vor und nach der Integration von Windenergie,
— Art des Kapazitätseffekts, d. h. der durch Windkraftwerke eingesparten konventionellen Kraftwerksleistung.

Der Einsatz eines bestimmten Kraftwerktyps hängt neben seiner technischen Eignung vor allem von den Grenzproduktionskosten ab (Näheres siehe Abschnitt 6.2). Da die oben angegebenen Faktoren und ihre wechselseitigen Beziehungen je nach betrachtetem Energieversorgungsunternehmen sehr unterschiedlich sind, wird an dieser Stelle nicht weiter auf die Bestimmung der Art der Brennstoffeinsparung eingegangen[5].

---

5 Zur Bestimmung der Art der Brennstoffeinsparung für das norddeutsche Küstengebiet siehe [5, Abschnitt 8.2]

5 Einsparung von Kraftwerkskapazität durch Windkraftwerke (Kapazitätseffekt)

Der Kapazitätseffekt gibt an, welche konventionelle Kraftwerkskapazität ohne Verminderung der Versorgungssicherheit durch Windkraftwerke eingespart werden kann.

Für die Bestimmung des Kapazitätseffekts ist ein Vergleich der verfügbaren Leistung von konventionellen Kraftwerken und Windkraftwerken Voraussetzung. Ein gängiges Argument der allgemeinen vorwissenschaftlichen Diskussion hierzu ist, daß die Leistung eines konventionellen Kraftwerks im Gegensatz zu der eines Windkraftwerks jederzeit für die Lastdeckung verfügbar ist; Stromerzeugung aus Windenergie wird deshalb häufig als unsicher, Stromerzeugung aus herkömmlichen Kraftwerken hingegen als sicher bezeichnet. In Wirklichkeit sind auch konventionelle Kraftwerke, wie praktisch alle technischen Einrichtungen, zu gewissen Zeiten aus technischen Gründen nicht verfügbar.

Diese technisch bedingten Nichtverfügbarkeiten können grundsätzlich zweigeteilt werden:
— geplante Nichtverfügbarkeiten (z. B. wegen Revision, Umbau, Reparatur laut Jahresreparaturprogramm etc.),
— ungeplante Nichtverfügbarkeiten (plötzlich auftretende Störungen).

Den technisch bedingten Nichtverfügbarkeiten der herkömmlichen Kraftwerke werden im folgenden sowohl die technisch als auch die klimatisch bedingten Nichtverfügbarkeiten der Windkraftwerke gegenübergestellt. Dabei wird ein Windmangel, der zu einer Unterschreitung der Nennleistung des Windkraftwerks führt, immer als klimatisch bedingte ungeplante Nichtverfügbarkeit (Störung) aufgefaßt. Nichtverfügbarkeiten von konventionellen Kraftwerken aufgrund unzureichender Brennstoffversorgung (Ölkrise, Uranembargo etc.) bzw. wegen der Überschreitung von Umweltschutzvorschriften (Smogalarm, radioaktive Verseuchung etc.) werden zugunsten der konventionellen Kraftwerke nicht weiter berücksichtigt. Bei langfristigen Planungen können derartige Nichtverfügbarkeiten jedoch nicht unberücksichtigt bleiben, insbesondere da sie in Zukunft eine immer größere Rolle spielen werden.

Bei bekannter Verfügbarkeit eines Kraftwerks kann dessen Beitrag zur Versorgungssicherheit des Gesamtsystems bestimmt werden. Der dafür erforderliche wahrscheinlichkeitstheoretische Ansatz wird im folgenden erläutert.

5.1 Gesicherte Leistung von Kraftwerken

Die gesicherte Leistung eines Kraftwerks (Kraftwerksparks) ist definiert als *die* Leistung, die mit einer vorgegebenen Wahrscheinlichkeit (Versorgungssicherheit) zum Zeitpunkt der Jahreshöchstlast mindestens zur Verfügung steht[1].

Bei gegebener Jahreshöchstlast wird zur Erreichung der Versorgungssicherheit gerade eine so große installierte Leistung benötigt, daß deren gesicherte Leistung mindestens der Jahreshöchstlast entspricht. Die Differenz zwischen installierter Leistung und gesicherter Leistung ergibt die notwendige Reserveleistung[2].

Ziel der Energieversorgungsunternehmen ist es, die installierte Kraftwerksleistung, die mit der gewünschten Versorgungssicherheit die Jahreshöchstlast deckt, zu bestimmen. Da im Extremfall alle Kraftwerke gleichzeitig ausfallen können, kann auch bei noch so großer installierter Leistung die Nachfrage nicht mit 100 %iger Sicherheit gedeckt werden. Die Wahrscheinlichkeit, mit der die Nachfrage gedeckt werden kann, muß deshalb als Anspruchsniveau vorgegeben werden (häufig 97 %).

5.1.1 Erhöhung der gesicherten Leistung durch konventionelle Kraftwerke

Eine steigende Stromnachfrage bedingt eine Erhöhung der Stromerzeugungskapazitäten. Die Energieversorgungsunternehmen benötigen deshalb die genaue Größe der notwendigen zusätzlichen Kraftwerksleistung, die bei gegebener Erhöhung der Jahreshöchstlast eine Stromversorgung *ohne* Verminderung der Versorgungssicherheit ge-

---

1 Zur exakten Definition der gesicherten Leistung sowie zu ihrer exakten Herleitung siehe den Exkurs im Anschluß an Abschnitt 5.1.1
2 Die notwendige Reserveleistung wird gewöhnlich mit ca. 20 % der Jahreshöchstlast angegeben; andere Autoren geben 6 % der Jahreshöchstlast plus größte installierte Blockgröße an, vgl. [2, S. 88 ff.]

währleistet. Die zusätzliche Kraftwerksleistung muß gerade so groß gewählt werden, daß die dadurch bewirkte Erhöhung der gesicherten Leistung des gesamten Kraftwerksystems mindestens der Erhöhung der Jahreshöchstlast entspricht.

Ein typischer Zusammenhang zwischen der Größe der neu installierten Kraftwerksleistung und der Zunahme an gesicherter Leistung ist in Bild 5.1 wiedergegeben. Bei der Erstellung von Bild 5.1 wurde von einer gewünschten Versorgungssicherheit von 97 % ausgegangen, und die Berechnungen wurden alternativ für eine Verfügbarkeit des neu installierten Kraftwerks von 0,7, 0,8 sowie 0,9 durchgeführt; die einzelnen Berechnungsschritte sind im Exkurs im Anschluß an Abschnitt 5.1.1 erläutert.

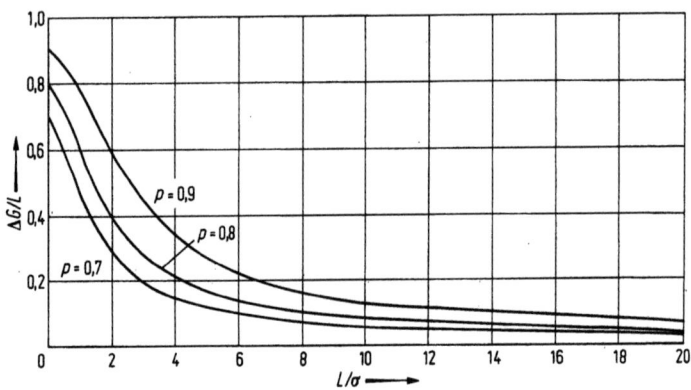

Bild 5.1. Erhöhung der gesicherten Leistung ΔG in Abhängigkeit von der neu installierten Kraftwerksleistung L. Der Zubau besteht aus e i n e m einzelnen konventionellen Kraftwerk
Hinweis: σ ist die Standardabweichung der verfügbaren Leistung des bestehenden Kraftwerkparks, p ist die Verfügbarkeit von L

Die neu installierte Kraftwerksleistung L ist in Bild 5.1 wie auch in Bild 5.2 auf die Standardabweichung der verfügbaren Leistung des bereits bestehenden Kraftwerkparks bezogen. In [5, Abschnitt 9.1.3] wurde für regionale Energieversorgungsunternehmen an der norddeutschen Küste mit einer installierten Leistung von 3500 MW eine Standardabweichung der verfügbaren Leistung von 350 MW (10 % der installierten Leistung) ermittelt; für das öffentliche Versorgungsnetz der Bundesrepublik Deutschland mit einer installierten Leistung von 63 000 MW wurde eine Standardabweichung von etwa 2200 MW (3,3 % der installierten Leistung) ermittelt.

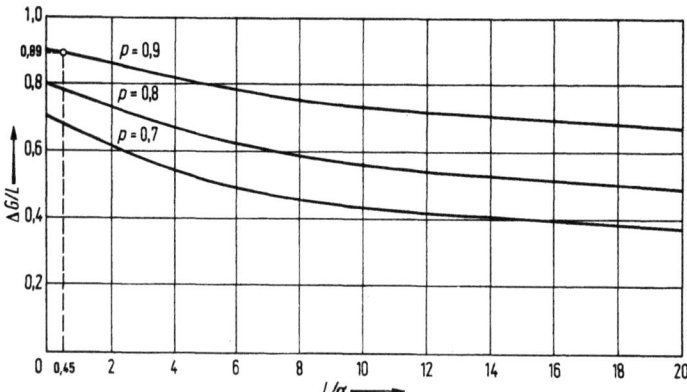

Bild 5.2. Erhöhung der gesicherten Leistung ΔG in Abhängigkeit von der neu installierten Kraftwerksleistung L. Der Zubau besteht aus fünf gleich großen konventionellen Kraftwerken
Hinweis: σ ist die Standardabweichung der verfügbaren Leistung des bestehenden Kraftwerkparks, p ist die Verfügbarkeit der Einzelkraftwerke

Man sieht deutlich, daß bei zunehmender Blockleistung L der Anteil der gesicherten zusätzlichen Leistung an der installierten Leistung rasch sinkt. Wird z. B. ein Kraftwerkblock mit einer Verfügbarkeit von 0,9 und einer installierten Leistung in Höhe der Standardabweichung der verfügbaren Leistung des bestehenden Kraftwerksystems zugebaut, so beträgt der Zuwachs an gesicherter Leistung etwa 80 % der installierten Leistung des neuen Kraftwerkblocks. Wird ein Kraftwerkblock gleicher Verfügbarkeit und doppelter Größe zugebaut, so beträgt der Zuwachs an gesicherter Leistung nur noch 60 % der installierten Leistung, ein fünfmal so großer Kraftwerkblock erbringt nur noch einen Zuwachs an gesicherter Leistung in Höhe von 27 % der neu installierten Kraftwerksleistung.
Beträgt die Standardabweichung der verfügbaren Leistung des bestehenden Systems 100 MW, so beträgt der Zuwachs an gesicherter Leistung durch einen neuen 100-MW-Block, 200-MW-Block, 500-MW-Block bei $p = 0,9$ etwa 80 MW, 120 MW, 135 MW. Man sieht,

daß die durch eine Blockvergrößerung gewonnene zusätzliche gesicherte Leistung rasch gegen 0 geht. Es erscheint deshalb nicht sinnvoll, Blöcke zuzubauen, die größer sind als ein bis zwei Standardabweichungen der verfügbaren Leistung des bestehenden Kraftwerksystems. Bei dem angeführten Beispiel sollten also statt eines 500-MW-Blocks besser z. B. 5 Blöcke mit je 100 MW zugebaut werden.

Für eine Verteilung der neu installierten Leistung auf 5 Blöcke gibt Bild 5.2 den Zusammenhang zwischen neu installierter Leistung und Zuwachs an gesicherter Leistung wieder. Ein Vergleich der Bilder 5.1 und 5.2 zeigt, daß bei einer Verteilung der neu installierten Leistung auf 5 Blöcke der Anteil der gesicherten Leistung an der installierten Leistung bei zunehmender installierter Leistung erheblich langsamer zurückgeht als bei einer Installierung eines einzelnen Blockes gleicher Gesamtleistung.

Exkurs: Theoretische Grundlagen der gesicherten Leistung

Die im folgenden dargestellten theoretischen Grundlagen der gesicherten Leistung sind für das Verständnis der weiteren Ausführungen nicht erforderlich und können vom Leser übergangen werden.

Ist p die Verfügbarkeit eines Kraftwerks, $1-p$ dessen Nichtverfügbarkeit und N_{nom} dessen installierte Leistung, so besitzt die verfügbare Leistung X folgende Dichtefunktion:

$$f(x) = \begin{cases} p, \text{ für } x = N_{nom}, \\ 1-p, \text{ für } x = 0, \\ 0 \text{ sonst.} \end{cases} \quad (1)$$

Dabei soll ein Teillastbetrieb von konventionellen Kraftwerken ohne Beeinträchtigung der Allgemeingültigkeit der folgenden Ausführungen nicht näher untersucht werden.

Der Erwartungswert E sowie die Varianz var der verfügbaren Leistung X sind gegeben durch

$$E = {_0\!\int^{N_{nom}}} x \, f(x) \, dx \quad (1a)$$

mit

N_{nom} gesamte installierte Leistung des Kraftwerkparks,

$$var = {_0\!\int^{N_{nom}}} (x-E)^2 f(x) \, dx. \quad (1b)$$

Die Varianz bzw. die Standardabweichung der verfügbaren Leistung eines Kraftwerksystems ist abhängig von Anzahl, Größe und Verfügbarkeit der einzelnen Kraftwerkblöcke. Eine Verkleinerung der Blockgröße (und damit eine Vergrößerung der Blockanzahl) führt zu einer Verkleinerung der Standardabweichung. Eine Verdoppelung des Kraftwerkparks führt bei konstanter Größe der Einzelblöcke zu einer Erhöhung der Standardabweichung der verfügbaren Leistung um den Faktor $\sqrt{2}$.

Ein Kraftwerkpark mit zwei 100-MW-Kraftwerken, die je eine Verfügbarkeit p von 0,9 haben, weist folgende Dichtefunktion der verfügbaren Leistung X auf:

$$f(x) = \begin{cases} 0{,}9 \cdot 0{,}9 = 0{,}81; \text{für } x = 200\,\text{MW}, \\ 0{,}9 \cdot 0{,}1 + 0{,}9 \cdot 0{,}1 = 0{,}18; \text{für } x = 100\,\text{MW}, \\ 0{,}1 \cdot 0{,}1 = 0{,}01; \text{für } x = 0\,\text{MW}, \\ 0 \text{ sonst.} \end{cases} \quad (2)$$

Der Erwartungswert E der verfügbaren Leistung X beträgt 180 MW, ihre Varianz var 1800 MW^2.

Ist X die verfügbare Leistung eines Kraftwerkparks und $f_t(x)$ deren Dichte zum Zeitpunkt t, so ist die gesicherte Leistung G zum Zeitpunkt t gegeben durch

$$\int_0^G f_t(x)\,dx \stackrel{!}{=} \alpha \quad (3)$$

mit

$1-\alpha$ gewünschte Versorgungssicherheit (meist 0,97).

Das Integral in (3) gibt die Gesamtwahrscheinlichkeit dafür an, daß die verfügbare Leistung unterhalb der gesicherten Leistung G liegt. Dieser Fall tritt mit der Wahrscheinlichkeit α auf, wobei $(1-\alpha)$ die Versorgungssicherheit angibt. Ist $f(x)$ nicht stetig, sondern diskret verteilt, so kann die gewünschte Versorgungssicherheit häufig nicht genau erreicht, sondern nur über- oder unterschritten werden.

Häufig wird nur die gesicherte Leistung zum Zeitpunkt der Jahreshöchstlast betrachtet. Dies ist zulässig, falls die Verfügbarkeit der Kraftwerke von der Nachfrage statistisch unabhängig ist und die geplanten Stillegungen nicht zu groß sind. Die geringste Versorgungssicherheit tritt dann (bei einem optimierten Jahresreparaturprogramm) zum Zeitpunkt der Jahreshöchstlast auf; eine Beschränkung der Untersuchung der Versorgungssicherheit des Systems auf den Zeitpunkt der Jahreshöchstlast ist in diesem Fall zulässig. Eine saisonal gleichmäßige Nachfragestruktur sowie eine geringe Anzahl von Kraftwerken vermindern die Dauer der maximal zulässigen geplanten Stillegungen.

Während bisher die gesicherte Leistung eines bereits bestehenden Stromversorgungssystems betrachtet wurde, soll nun die Erhöhung der gesicherten Leistung durch den Zubau von neuen Kraftwerken untersucht werden.

Ist $f(x)$ die Dichte der verfügbaren Leistung des bisher schon bestehenden Kraftwerkparks, L die installierte Leistung des neuen Kraftwerkparks, p seine Verfügbarkeit und $1-\alpha$ die gewünschte Versorgungssicherheit, so läßt sich die neue gesicherte Leistung G' folgendermaßen bestimmen, siehe dazu auch (13):

$$(1-p) \cdot \int_0^{G'} f(x)\,dx + p \cdot \int_0^{G'-L} f(x)\,dx \stackrel{!}{=} \alpha. \quad (4)$$

Die Wahrscheinlichkeit, daß die verfügbare Leistung des Gesamtsystems incl. der neu installierten Leistung unterhalb der neuen gesicherten Leistung G' liegt, setzt sich aus zwei Summanden (Fällen) zusammen: Im ersten Fall wird die Wahrscheinlichkeit bestimmt, daß die verfügbare Leistung des bisher schon bestehenden Kraftwerkparks unterhalb G' liegt, gewichtet mit der Wahrscheinlichkeit $(1-p)$, daß die neu installier-Kraftwerksleistung L nicht verfügbar ist; im zweiten Fall wird die Wahrscheinlichkeit bestimmt, daß die verfügbare Leistung des bisher schon bestehenden Kraftwerkparks unterhalb $G'-L$ liegt, gewichtet mit der Wahrscheinlichkeit p, daß die neu installierte Kraftwerksleistung L verfügbar ist.

Der durch den Zubau des neuen Kraftwerks mit installierter Leistung L und Verfügbarkeit p bewirkte Zuwachs an gesicherter Leistung ΔG ergibt sich mit

$$\Delta G = G' - G. \quad (5)$$

Setzt sich das Kraftwerksystem aus n Kraftwerken mit installierten Leistungen L_i und Verfügbarkeiten p_i zusammen, so ist der Erwartungswert E und die Varianz *var* der verfügbaren Leistung dieses Kraftwerkparks folgendermaßen gegeben:

$$E = \sum_{i=1}^{n} p_i L_i,$$
$$var = \sum_{i=1}^{n} p_i(1-p_i)L_i^2. \tag{6}$$

Besteht das Kraftwerksystem aus einer Vielzahl von einzelnen Kraftwerken, so kann die verfügbare Leistung gemäß dem zentralen Grenzwertsatz als normalverteilt betrachtet werden mit den in (6) angegebenen Parametern. Für jedes betrachtete Kraftwerk gilt: Die installierte Leistung ist endlich und größer als 0, die Verfügbarkeit der installierten Leistung ist größer als 0 und kleiner als 1. Nach dem globalen Grenzwertsatz von Ljapunoff ist dann die verfügbare Leistung des Kraftwerkparks asymptotisch normalverteilt, siehe dazu z. B. [54, S. 245 ff., insbesondere Satz 6.9.3].

Zur Erleichterung der Darstellung soll im folgenden die verfügbare Leistung X als normalverteilt angenommen werden, ohne damit die Allgemeingültigkeit der folgenden Aussagen einzuschränken.

Die gesicherte Leistung G ist dann nichts anderes als das α-Quantil der standardisierten Dichte $f(x)$. Demzufolge gilt:

$$G = \mu - c(\alpha)\sigma \tag{7}$$

mit

μ Erwartungswert von $f(x)$,
σ Standardabweichung von $f(x)$,
$c(\alpha)$ α-Quantil von $f(x)$.

Gemäß (4) und (7) läßt sich G' durch folgendes Gleichungssystem bestimmen:

$$\begin{aligned}
G' &= [\mu - c(\alpha_1)\sigma], \\
G' - L &= [\mu - c(\alpha_2)\sigma], \\
\alpha &= (1-p)\alpha_1 + p\alpha_2, \\
\alpha_1, \alpha_2 &\geq 0.
\end{aligned} \tag{8}$$

Damit läßt sich die Zunahme der Jahreshöchstlast ΔG, die durch die neu installierte Kraftwerksleistung L bei einer Verfügbarkeit von p ohne Verminderung der Versorgungssicherheit gedeckt werden kann, aus (5), (7) und (8) bestimmen:

$$\begin{aligned}
\Delta G &= G' - G = \mu - c(\alpha_1)\sigma - [\mu - c(\alpha)\sigma], \\
\Delta G &= G' - G = \mu + L - c(\alpha_2)\sigma - [\mu - c(\alpha)\sigma], \\
\alpha &= (1-p)\alpha_1 + p\alpha_2, \\
\alpha_1, \alpha_2 &\geq 0
\end{aligned} \tag{9}$$

mit

L neu installierte Kraftwerksleistung,
p Verfügbarkeit von L.

(9) läßt sich umformen in (10):

$$\Delta G = [c(a) - c(a_1)]\sigma,$$
$$\Delta G = [c(a) - c(a_2)]\sigma + L,$$
$$a = (1-p)a_1 + pa_2,$$
$$a_1, a_2 \geqslant 0.$$
(10)

(10) zeigt deutlich, daß der Zuwachs an gesicherter Leistung ΔG nur von folgenden Größen abhängt:
— Standardabweichung σ der verfügbaren Leistung des bestehenden Kraftwerkparks,
— Verfügbarkeit p des neu installierten Kraftwerks,
— Größe der neu installierten Kraftwerksleistung L,
— gewünschte Versorgungssicherheit $1-\alpha$.

ΔG hängt jedoch *nicht* vom Erwartungswert μ der verfügbaren Leistung des bestehenden Kraftwerksystems ab. Es gilt also:

$$\Delta G = \Delta G(\sigma, p, L, \alpha),$$
$$\frac{\partial}{\partial \mu}(\Delta G) = 0.$$
(11)

Die Bilder 5.3 a, b, c zeigen in einer schematischen Darstellung die graphischen Methoden, die zur Bestimmung des Kapazitätseffekts von konventionellen Kraftwerken und von Windkraftwerken verwendet werden können; dabei wird immer vorausgesetzt, daß die Dichte f(x) und die Verteilung F(x) der verfügbaren Leistung X des betrachteten Kraftwerksystems gegeben sind.

Bild 5.3 a zeigt in Anlehnung an Gleichung (3) dieses Kapitels die Bestimmung der gesicherten Leistung eines Kraftwerksystems, dessen verfügbare Kraftwerksleistung eine Dichte f(x) aufweist.

Bild 5.3 b ist besonders gut geeignet zur Bestimmung der gesicherten Leistung G des betrachteten Kraftwerksystems: bei gegebener Versorgungssicherheit $1-\alpha$ ist die gesicherte Leistung G durch den Wert auf der Abszisse bestimmt, dessen durch die Verteilung F(x) gegebener Ordinatenwert α beträgt.

Bild 5.3 c ermöglicht die graphische Bestimmung der neuen gesicherten Leistung G' und damit des Kapazitätseffekts. Bild 5.3c enthält die Funktionen $p \cdot F(x)$ und $(1-p) \cdot F(x)$, wobei p die Verfügbarkeit des neu installierten Kraftwerks bedeutet. Man nehme nun zwei beliebige Punkte auf der Abszisse mit einem Abstand L, wobei dieser Abstand der neu installierten Kraftwerksleistung entspricht. Die zwei Punkte werden nun unter Beibehaltung des Abstands hin und her bewegt, bis die Summe der Ordinatenwerte a_1 auf der Kurve $p \cdot f(x)$ und a_2 auf der Kurve $(1-p) \cdot F(x)$ dem vorgegebenen Wert a entspricht.

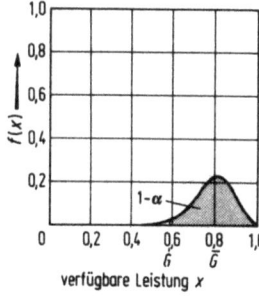

Bild 5.3a. Schematische Darstellung der Dichtefunktion f(x) der verfügbaren Leistung X eines großen konventionellen Verbundkraftwerksystems
$\bar{G}$ ist der Erwartungswert der Dichtefunktion f(x). Der Wert der gesicherten Leistung G bestimmt sich gemäß Gleichung (4) aus Kapitel 5, die schraffierte Fläche ist proportional zur Versorgungssicherheit $1-\alpha$

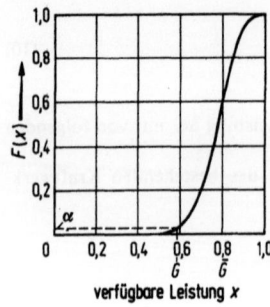

Bild 5.3b. Schematische Darstellung der Verteilungsfunktion F(x), basierend auf der Dichtefunktion f(x)

Die Gleichung $F(G) = \alpha$ bestimmt die Leistung G, die mit der Versorgungssicherheit $1-\alpha$ abgegeben werden kann

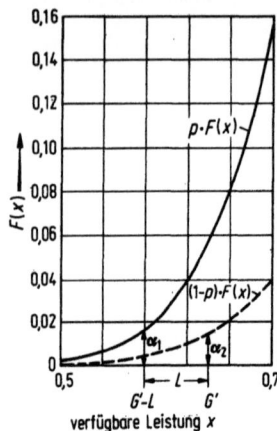

Bild 5.3c. Graphische Bestimmung der erhöhten gesicherten Leistung G', die sich durch die Neuinstallation eines konventionellen Kraftwerks mit installierter Leistung L und Verfügbarkeit p, $0 < p < 1$, ergibt

Ist die neu installierte Kraftwerksleistung L auf n Kraftwerke gleicher Größe L/n und gleicher Verfügbarkeit p verteilt, so läßt sich der Zuwachs an gesicherter Leistung analog zu (4) folgendermaßen bestimmen:

$$\begin{aligned}
& b(0/n,p) \cdot {}_0\!\int^{G'-\frac{L}{n}\cdot 0} f(x)\,dx + \\
& b(1/n,p) \cdot {}_0\!\int^{G'-\frac{L}{n}\cdot 1} f(x)\,dx + \ldots + \\
& b(n-1/n,p) \cdot {}_0\!\int^{G'-\frac{L}{n}\cdot(n-1)} f(x)\,dx + \\
& b(n/n,p) \cdot {}_0\!\int^{G'-L} f(x)\,dx \stackrel{!}{=} \alpha.
\end{aligned} \tag{12}$$

$b(m/n,p)$ ist die Binomialverteilung[3] mit den Parametern n (Anzahl der Kraftwerke) und p (Verfügbarkeit der Kraftwerke) und gibt an, mit welcher Wahrscheinlichkeit m Kraftwerke verfügbar sind ($m \,\varepsilon\, 0, n$).

Ist ganz allgemein $f(x)$ die Dichtefunktion der verfügbaren Leistung des bestehenden Kraftwerkparks mit installierter Leistung N_{nom}, $g(y)$ die Dichtefunktion der ver-

---

3   $b(m/n,p) = \binom{n}{m} p^m (1-p)^{n-m}$

fügbaren Leistung der neu installierten Kraftwerksleistung L und $Z = X+Y$, so ist G' als α-Quantil der Dichte h(z) wegen der statistischen Unabhängigkeit von X und Y implizit gegeben durch[4]

$$\int_0^{G'} [\int_0^z f(x)g(z-x)dx]dz = \alpha. \tag{13}$$

Bei der Auswertung von (13) muß berücksichtigt werden, daß f(x) = 0 für $x > N_{nom}$.[4]

Mit $Z = X + Y$ gilt:

$0 \leqslant N_{nom}, 0 \leqslant z \leqslant N_{nom} + L, x \leqslant z$.

Die gemeinsame Dichtefunktion von X und Y ergibt sich als das Produkt von f(x) und g(y), da X und Y statistisch voneinander unabhängig sind.

Die Dichtefunktion von Z ergibt sich mit

$$h(z) = \begin{cases} \int_0^z f(x)g(z-x)dx, & \text{falls } 0 \leqslant z \leqslant N_{nom}, \\ \int_0^{N_{nom}} f(x)g(z-x)dx, & \text{falls } N_{nom} < z \leqslant N_{nom}+L, \\ 0 \text{ sonst.} \end{cases} \tag{14}$$

Die Fallunterscheidung wurde vorgenommen, um den Einfluß von f(x) = 0 für $x > N_{nom}$ auf die Auswertung des Integrals explizit darzustellen.

Das α-Quantil der Dichte von Z ergibt sich implizit mit

$$\int_0^{G'} \int_0^z f(x)g(z-x)dxdz = \alpha, \tag{15a}$$

falls

$\int_0^{N_{nom}} \int_0^z f(x)g(z-x)dxdz \geqslant \alpha$

bzw. mit

$$\int_0^{N_{nom}} \int_0^z f(x)g(z-x)dxdz + \int_{N_{nom}}^{G'} \int_0^{N_{nom}} f(x)g(z-x)dxdz = \alpha, \tag{15b}$$

falls

$\int_0^{N_{nom}} \int_0^z f(x)g(z-x)dxdz < \alpha$.

Ende des Exkurses.

5.1.2 Erhöhung der gesicherten Leistung durch Windkraftwerke

Der bei den Energieversorgungsunternehmen entwickelte und vorher beschriebene Ansatz zur Bestimmung der gesicherten Leistung von konventionellen Kraftwerken kann direkt auf Windkraftwerke übertragen werden, wobei jedoch gewisse Modifikationen berücksichtigt werden müssen.

Während die technisch bedingten Nichtverfügbarkeiten (sowohl von herkömmlichen als auch von Windkraftwerken) weitgehend sta-

---

[4] Zur Bestimmung der Verteilungsfunktion siehe z. B. [54, S. 80ff.]. Der Autor bedankt sich bei A. Hamerle, Universität Regensburg, für die Mithilfe bei der Erarbeitung von (13)

tistisch voneinander unabhängig sind, sind die klimatisch bedingten Nichtverfügbarkeiten (Störungen) von Windkraftwerken meist statistisch voneinander abhängig. Fällt ein Windkraftwerk mangels Wind aus, fallen die benachbarten Windkraftwerke wegen der hohen Korrelation der Windgeschwindigkeiten mit hoher Wahrscheinlichkeit ebenfalls aus, und selbst die Produktion der weiter entfernt liegenden Windkraftwerke dürfte im allgemeinen relativ gering sein.

Beispiel: Es sei f(x) die Dichtefunktion der verfügbaren Leistung X des bestehenden Kraftwerksystems, das keine Windkraftwerke enthält. Die verfügbare Leistung Y der neu zu installierenden Windkraftwerke besitze folgende Dichtefunktion g(y):

$$g(y) = \begin{cases} 0{,}5, \text{ falls } y = 0 \text{ MW}, \\ 0{,}3, \text{ falls } y = 250 \text{ MW}, \\ 0{,}2, \text{ falls } y = 500 \text{ MW}, \\ 0 \quad \text{sonst.} \end{cases} \tag{16}$$

Die neue gesicherte Leistung G' ergibt sich dann implizit mit

$$0{,}5 \cdot {_0\!\int^{G'}} f(x)\,dx + 0{,}3 \cdot {_0\!\int^{G'-250}} f(x)\,dx + \\ 0{,}2 \cdot {_0\!\int^{G'-500}} f(x)\,dx \stackrel{!}{=} \alpha. \tag{17}$$

Die zur Bestimmung des Zuwachses an gesicherter Leistung $\Delta G = G'-G$ benötigte Verteilung der Windenergieproduktion g(y) ist im wesentlichen abhängig von der gewählten Windkraftwerkstechnik, von Größe und Gleichmäßigkeit der Windgeschwindigkeiten sowie von der Größe der geographischen Ausdehnung des Windkraftwerkverbundsystems.

Bei der Berechnung der Erhöhung der gesicherten Leistung durch Windkraftwerke sind zwei Fälle zu unterscheiden:

— Das bestehende Kraftwerksystem enthält noch keine Windkraftwerke. Dieser Fall wird grundsätzlich für die weiteren Erläuterungen und Berechnungen zugrunde gelegt, da derzeit noch keine Windkraftwerke in Stromversorgungssysteme integriert sind. In diesem Fall werden sämtliche geplanten Windkraftwerke zu einem großen Kraftwerk zusammengefaßt und die Dichte g(y) der verfügbaren Leistung dieses Kraftwerks bestimmt. Der durch den Neubau von Windkraftwerken erreichte Zuwachs an gesicherter Leistung kann dann analog zu (16) und (17) bestimmt werden[5].

— Das bestehende Kraftwerksystem enthält bereits Windkraftwerke.

---

[5] Zur detaillierten Herleitung siehe den vorherigen Exkurs zu den theoretischen Grundlagen der gesicherten Leistung

In diesem Fall ist die verfügbare Leistung der geplanten Windkraftwerke auch abhängig von der verfügbaren Leistung der bereits installierten Windkraftwerke. Die bereits installierten Windkraftwerke werden mit den geplanten Windkraftwerken zu einem großen Windkraftwerk zusammengefaßt und die Dichtefunktion der verfügbaren Windleistung bestimmt. Sodann werden die folgenden Größen A und B berechnet.

A: Gesicherte Leistung des bestehenden Kraftwerksystems incl. der bereits installierten Windkraftwerke analog (3) bzw. (13).

B: Gesicherte Leistung des bestehenden Kraftwerksystems incl. der bereits installierten sowie der geplanten Windkraftwerke. Diese Größe läßt sich analog (16) und (17) bestimmen[6], indem für $f(x)$ die verfügbare Leistung des bestehenden Kraftwerkparks ohne die bereits installierten Windkraftwerke und für $g(y)$ die verfügbare Leistung sowohl der bereits installierten als auch der geplanten Windkraftwerke verwendet wird.

Der durch den Zubau der geplanten Windkraftwerke erreichte Zuwachs an gesicherter Leistung ergibt sich als Differenz von B minus A.

Unter Zugrundelegung der norddeutschen Windverhältnisse mit einer Jahresdurchschnitts-Windgeschwindigkeit von etwa 8 m/s in 100 m Nabenhöhe und einer Windtechnologie vom Typ GROWIAN wurde die Dichtefunktion $g(y)$ für verschieden große Windkraftwerkverbundsysteme für die Jahre 1969 bis 1976 aus den realen stündlichen Meßwerten der Windgeschwindigkeit ermittelt; durch eine geeignete Klassifizierung von y wurde die eigentlich stetige Dichtefunktion $g(y)$ approximativ als diskrete Wahrscheinlichkeitsfunktion bestimmt, so daß die Erhöhung der gesicherten Leistung numerisch analog zu (16) und (17) ermittelt werden konnte.

Zu den weiteren Annahmen sowie den detaillierten Ergebnissen für den Einfluß von Meßjahr, Jahresdurchschnitts-Windgeschwindigkeit, Generatorgröße, Nenndrehzahl, Anpassungsmöglichkeit der Nenndrehzahl an die momentanen Windverhältnisse etc. siehe [5, Abschnitt 9.2.2]. Die Berechnungen wurden für unterschiedlich große Verbundsysteme durchgeführt (Bundesrepublik Deutschland, norddeutsche Küste, einzelne Windkraftwerke).

Bild 5.4 zeigt den Zusammenhang zwischen installierter Windkraftwerksleistung L und zusätzlicher gesicherter Leistung ΔG. Bei gegebener Standardabweichung σ der verfügbaren Leistung des be-

---

6 Zur detaillierten Herleitung siehe den an Kapitel 5 anschließenden Exkurs

stehenden Kraftwerkparks (also gegebener Größe und Struktur des Netzes, in das die Windenergie eingespeist wird) sinkt der Anteil der gesicherten an der installierten Windkraftwerksleistung stark mit wachsender installierter Windkraftwerksleistung. Eine Vergrößerung der geographischen Ausdehnung des Windkraftwerkverbundsystems schwächt diese Abnahme ab.

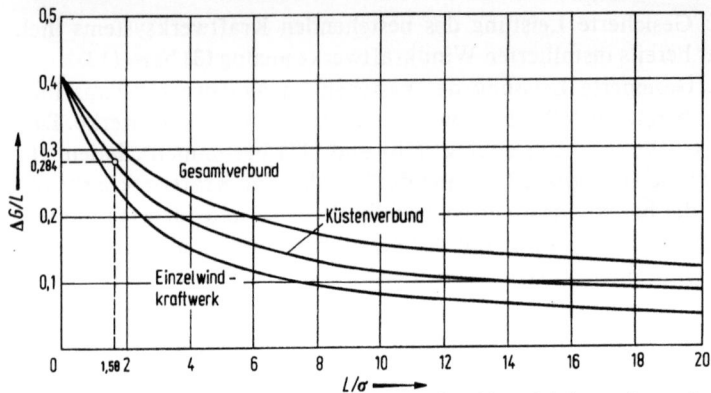

Bild 5.4. Erhöhung der gesicherten Leistung ΔG in Abhängigkeit von der neu installierten Kraftwerksleistung L für verschieden große Windkraftwerkverbundsysteme

Hinweis: σ ist die Standardabweichung der verfügbaren Leistung des bestehenden Kraftwerkparks

5.2 Bestimmung des Kapazitätseffekts

Der Kapazitätseffekt läßt sich bei Kenntnis der gesicherten Leistung von konventionellen Kraftwerken und Windkraftwerken relativ leicht bestimmen. Der Kapazitätseffekt eines Windkraftwerks ist genauso groß wie *die* konventionelle Kraftwerksleistung, die die gleiche gesicherte Leistung wie das betrachtete Windkraftwerk hat.

Die Größe des Kapazitätseffekts ist im wesentlichen durch folgende Faktoren bestimmt:

— Größe und Gleichmäßigkeit der Windenergieproduktion,
— geographische Ausdehnung des Windkraftwerkverbunds,
— Größe des Stromversorgungssystems, in das die Windenergie eingespeist wird[7] (Penetration),

---

[7] Eine Vergrößerung des Stromversorgungssystems führt normalerweise zu einer Vergrößerung der Standardabweichung der verfügbaren Leistung (vgl. Abschnitt 5.1), diese wiederum gemäß (10) ceteris paribus zu einer Erhöhung des Kapazitätseffekts

— zeitliche Korrelation zwischen Energienachfrage und Windenergieproduktion,
— Verfügbarkeit der alternativ zu Windkraftwerken zu betreibenden konventionellen Kraftwerke.

Bild 5.5 zeigt einen typischen Zusammenhang zwischen installierter Windkraftwerksleistung und eingesparter konventioneller Kraftwerksleistung. Dabei sind folgende Annahmen zugrunde gelegt:
— Jahresdurchschnitts-Windgeschwindigkeit in Nabenhöhe 8 m/s,
— Störrate der konventionellen Kraftwerke 10 %,
— alternativ zu den Windkraftwerken werden fünf konventionelle Kraftwerke installiert,
— Unterscheidung in Einzelanlage, Küstenverbund, Gesamtverbund,
— die Einzel-Windkraftwerke werden in ein konventionelles Kraftwerksystem mit 3500 MW installierter Leistung und einer Standardabweichung der verfügbaren Leistung von 350 MW integriert,
— der Küstenwindkraftwerkverbund wird in ein konventionelles Kraftwerksystem mit 8600 MW installierter Leistung und einer Standardabweichung der verfügbaren Leistung von 570 MW integriert,
— der Gesamtwindkraftwerkverbund wird in ein konventionelles Kraftwerksystem mit einer installierten Leistung von 67 000 MW sowie einer Standardabweichung der verfügbaren Leistung von 2200 MW integriert (öffentliches Elektrizitätsversorgungssystem der Bundesrepublik Deutschland 1977).

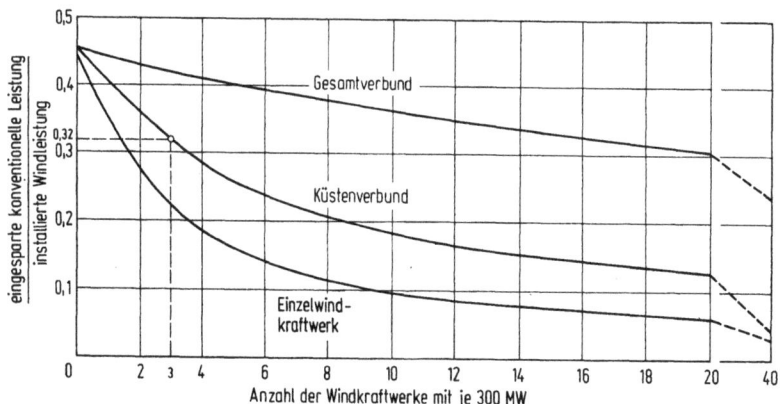

Bild 5.5. Eingesparte konventionelle Kraftwerksleistung, $\bar{v}$ = 8 m/s

Bild 5.5 zeigt deutlich, daß bei wachsender installierter Windkraftwerksleistung ceteris paribus der Kapazitätseffekt um so stärker zurückgeht, je kleiner die geographische Ausdehnung des Windkraftwerkverbundsystems ist. Für einen norddeutschen Windkraftwerkverbund bei einer Einspeisung der Windenergie in das Küstennetz und einer in Nabenhöhe zu erwartenden Jahresdurchschnitts-Windgeschwindigkeit von 8 m/s ergibt sich folgendes Ergebnis:

Das erste 300-MW-Windkraftwerk mit 100 GROWIAN-Windkraftanlagen à 3 MW hat einen Kapazitätseffekt von etwa 120 MW, fünf 300-MW-Windkraftwerke haben einen Kapazitätseffekt von 390 MW, zehn 300-MW-Windkraftwerke etwa 555 MW, wobei das zehnte 300-MW-Windkraftwerk nur noch einen Kapazitätseffekt von etwa 23 MW hat. Dieser geringe Kapazitätseffekt des zehnten 300-MW-Windkraftwerks rührt von der starken positiven Korrelation der Windverhältnisse an den norddeutschen Standorten her.

Es steht zu erwarten, daß die installierte konventionelle Kraftwerksleistung im norddeutschen Küstengebiet weiter steigen wird. Damit erhöht sich ceteris paribus auch der Kapazitätseffekt von Windkraftwerken, da die Standardabweichung der verfügbaren Leistung des konventionellen Kraftwerkparks laufend steigt. Bei einer Verdoppelung der konventionellen Kraftwerksleistung und einer damit verbundenen Erhöhung der Standardabweichung um ca. das 1,4fache erhöht sich der Kapazitätseffekt der vorher erwähnten fünf 300-MW-Windkraftwerke von 390 MW auf 450 MW, also um etwa 15 %.

Im folgenden soll beispielhaft die Bestimmung des in Bild 5.5 mit einem Kreis versehenen Werts des Kapazitätseffekts erläutert werden. Das konventionelle Kraftwerksystem im norddeutschen Küstengebiet weist bei einer installierten Leistung von etwa 8600 MW eine Standardabweichung der verfügbaren Leistung von etwa 570 MW auf. Eine installierte Windkraftwerksleistung von 900 MW (drei Windkraftwerke à 300 MW) ist das 1,58fache dieser Standardabweichung. Gemäß Bild 5.4 beträgt bei einer installierten Windkraftwerksleistung in Höhe des 1,58fachen der Standardabweichung die gesicherte Leistung etwa 0,284 mal installierte Windkraftwerksleistung, also 256 MW. Gemäß Bild 5.2 wird bei einer Standardabweichung von 570 MW und einer Störrate der konventionellen Kraftwerke von 10 % für eine gesicherte Leistung von 256 MW ($\triangleq$ 0,45 · Standardabweichung) eine konventionelle Kraftwerksleistung von 256 MW/0,89 = 288 MW benötigt. Die eingesparte konventionelle Kraftwerksleistung beträgt wie in Bild 5.5 gezeigt bei drei Windkraftwerken à 300 MW 32 % der installierten Windkraftwerksleistung, also 288 MW[8].

Mit der Zunahme der installierten Windkraftwerksleistung wächst auch die Größe der Netze, in die die Windenergie eingespeist wird. Bei Bild 5.6 wird davon ausgegangen, daß bis zu einer installierten Windkraftwerksleistung von einigen 100 MW die Windkraftwerke nur in das Netz des zuständigen Stromversorgungsunternehmens (z. B. HEW oder NWK) einspeisen, bei installierten Windkraftwerksleistungen von etwa 1000 MW eine regionale Einbindung in das öffentliche Netz Norddeutschlands erfolgt und darüber hinaus wegen der großen regionalen Ausbreitung der Windkraftwerke mehr und mehr eine Integration der Windenergie in das gesamte Versorgungssystem der Bundesrepublik Deutschland zu erwarten ist. Bezogen auf die installierte Windkraftwerksleistung geht die eingesparte konventionelle Kraftwerksleistung nach dem Bau der ersten 300-MW-Windkraftwerke stark zurück und stabilisiert sich nach dem Bau von zehn 300-MW-Windkraftwerken bei 40 %, 27 %, 15 % der installierten

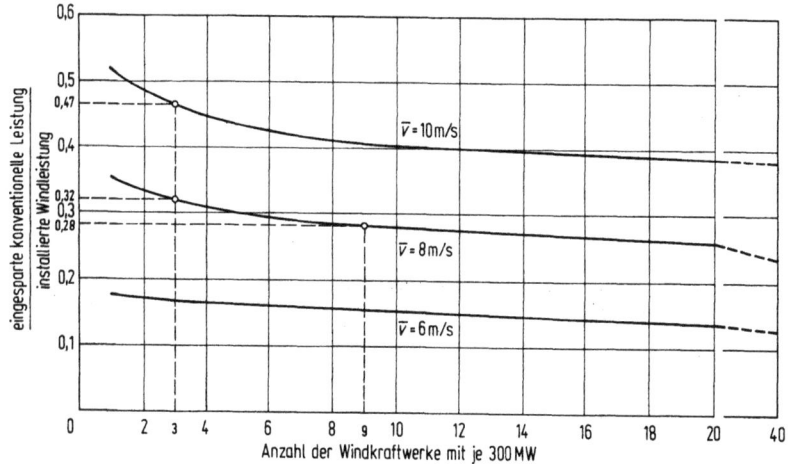

Bild 5.6. Eingesparte konventionelle Kraftwerksleistung (approximativ) für gleichzeitig wachsende Windkraftwerksleistungen und Netzgrößen bei unterschiedlichen Jahresdurchschnitts-Windgeschwindigkeiten

---

8 Zu den detaillierten Berechnungen für den Einfluß von Meßjahr, Jahresdurchschnitts-Windgeschwindigkeit, Generatorgröße, Nenndrehzahl, Anpassungsmöglichkeit der Nenndrehzahl an die momentanen Windverhältnisse etc., siehe [5, S. 143 ff. sowie S. 444 ff.]

Kraftwerksleistung für Jahresdurchschnitts-Windgeschwindigkeiten von 10 m/s, 8 m/s, 6 m/s.

Der Kapazitätseffekt von großen Windkraftwerkverbundsystemen kann approximativ auch bestimmt werden, wenn für die einzelnen Windkraftwerke unterschiedliche Jahresdurchschnitts-Windgeschwindigkeiten relevant sind, wie folgendes Beispiel zeigt: Drei 300-MW-Windkraftwerke sind in einer 10-m/s-Zone und sechs 300-MW-Windkraftwerke sind in einer 8-m/s-Zone installiert. Für neun 300-MW-Windkraftwerke mit 8 m/s ergibt sich gemäß Bild 5.6 ein Kapazitätseffekt von $0{,}28 \cdot 2700$ MW = 756 MW. Der Kapazitätseffekt der ersten drei 300-MW-Windkraftwerke in der 10-m/s-Zone ist um $(0{,}47 - 0{,}32) \cdot 300$ MW = 135 MW höher als wenn diese in der 8-m/s-Zone installiert wären. Das Windkraftwerkverbundsystem hat also insgesamt einen Kapazitätseffekt von 756 MW + 135 MW = 891 MW. Wegen der unterschiedlichen Windgeschwindigkeitsstrukturen für Standorte mit unterschiedlichen Jahresdurchschnitts-Windgeschwindigkeiten gilt diese Berechnung nur approximativ.

Die technisch bedingten Störungen von Windkraftwerken können bei der Bestimmung des Kapazitätseffekts approximativ berücksichtigt werden, indem die eingesparte konventionelle Kraftwerksleistung mit dem Faktor 1 minus Störrate multipliziert wird. Für genauere Berechnungen muß neben der Größe auch die zeitliche Verteilung der technisch bedingten Störungen mitberücksichtigt werden.

Die Art des Kapazitätseffekts hängt von den gleichen Faktoren ab wie die Art der Brennstoffeinsparung: Welche Art von Kraftwerkskapazität und der entsprechenden Menge an Brennstoffen tatsächlich eingespart wird, hängt wesentlich von den Energiekosten verschiedener Energieträger ab. Es wird die Kraftwerksart eingespart bzw. nicht gebaut, für die die Summe aus eingesparten Investitions-, Betriebs- und Brennstoffkosten unter Berücksichtigung der durch die Integration von Windenergie veränderten Benutzungsdauern maximal ist. Werden nur Kernkraftwerke eingespart, so muß ein entsprechender Teil der eingesparten Brennstoffe aus Uran bestehen. Wird andererseits an Brennstoffen nur Kohle eingespart, so können gleichzeitig nur Kohlekraftwerke eingespart werden.

Exkurs: Erhöhung des Kapazitätseffekts durch Speicherkraftwerke

Der folgende Abschnitt ist für das Verständnis der weiteren Ausführungen nicht wesentlich und kann deshalb vom Leser übergangen werden.

Die Bestimmung des Kapazitätseffekts von Speicherkraftwerken ist äußerst schwierig. Die analytische Bestimmung einer optimalen Speicherstrategie zur Maximierung des durch Speicherkraftwerke bedingten Kapazitätseffekts ist bislang nicht gelungen. Die Zahl der während eines Jahres möglichen Speicherstrategien ist darüber hinaus so groß, daß selbst moderne Großrechner nicht alle möglichen Strategien durchrechnen können. Zudem wäre selbst dann, wenn die Erhöhung des Kapazitätseffekts durch Speicherkraftwerke bekannt wäre, dessen Aufteilung auf konventionelle Kraftwerke einerseits und Windkraftwerke andererseits sehr schwierig, da die Speicherkraftwerke von allen Kraftwerken gemeinsam genutzt werden, vgl. Abschnitt 3.2.

Im folgenden soll deshalb ein Verfahren entwickelt werden, mit dessen Hilfe der Kapazitätseffekt von Speicherkraftwerken und insbesondere die Erhöhung des Kapazitätseffekts von Windkraftwerken durch Speicherkraftwerke abgeschätzt werden kann[9].

Das Verfahren basiert wie das Verfahren der in Abschnitt 5.1 erläuterten gesicherten Leistung auf einer Gegenüberstellung von technisch bedingten Störungen der konventionellen Kraftwerke einerseits und klimatisch und technisch bedingten Störungen der Windkraftwerke andererseits. Neu ist, daß ohne Kenntnis der Kenngrößen des bestehenden Kraftwerksparks (wie Größe, Anzahl und Verfügbarkeit der installierten konventionellen Kraftwerke, Größe der gewünschten Versorgungssicherheit, Nachfragestruktur etc.) durch direkten Vergleich der Energieflüsse von Windkraftwerken und konventionellen Kraftwerken Kapazitätseffekte abgeschätzt werden. Dabei wird, wie in Bild 5.7 dargestellt, *der* Teil der installierten Windleistung bestimmt, der die gleiche Verfügbarkeit hat wie die installierte Leistung eines konventionellen Kraftwerks. Die Summe aller unterhalb dieser „sicheren Leistung" liegenden Windenergieproduktionen ergibt die „sichere Energie" des Windkraftwerks, die ex definitione die gleiche Verfügbarkeit hat wie die Energieproduktion eines konventionellen Kraftwerks. Alle Windenergieproduktionen, die über die „sichere Leistung" des Windkraftwerks hinausgehen, bleiben unberücksichtigt, außer sie können in einen Speicher eingespeichert und so eventuell in „sichere Energie" umgewandelt werden, vgl. Bild 5.8.

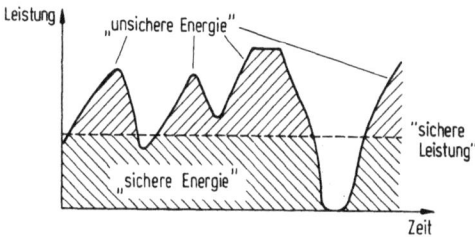

Bild 5.7. „Sichere Energie" und „unsichere Energie" von Windkraftwerken
Hinweis: Konventionelle Kraftwerke produzieren ex definitione nur „sichere Energie"

---

9 Zu den theoretischen Grundlagen siehe [41] und [55]

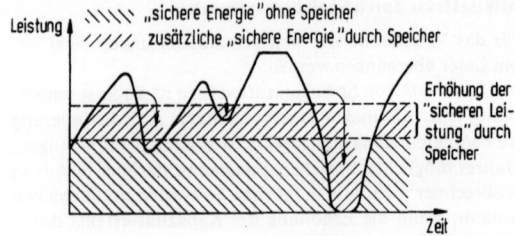

Bild 5.8. Erhöhung der „sicheren Energie" durch Speicher

Gemäß der Definition der „sicheren Leistung" sind bei konventionellen Kraftwerken die installierte Leistung und die sichere Leistung identisch.

Jede (zufällig auftretende) Produktion, auch wenn sie nur einmal im Jahr vorkommt, erhöht die Versorgungssicherheit des Gesamtsystems und hat deshalb einen Kapazitätseffekt. Das Verfahren der „sicheren Leistung" läßt Leistungsspitzen außer acht, so daß nur ein Teil des Kapazitätseffekts von Windkraftwerken erfaßt wird. Der Kapazitätseffekt des Windkraftwerks ist deshalb mindestens so groß wie die installierte Leistung eines konventionellen Kraftwerks mit einer Jahresproduktion in Höhe der „sicheren Energie" des Windkraftwerks. Die „sichere Leistung" des Windkraftwerks ist deshalb eine Unterschranke für den Kapazitätseffekt von Windkraftwerken.

Die Standardabweichung der unterhalb der „sicheren Leistung" liegenden Windenergieproduktion ist tendenziell etwas kleiner als die Standardabweichung der Energieproduktion eines konventionellen Kraftwerks, das eine installierte Leistung in Höhe der „sicheren Leistung" hat. Auch wenn, wie hier erforderlich, unter Teillastbetrieb des Windkraftwerks nur Leistungen unterhalb der „sicheren Leistung" verstanden werden, anstatt wie üblich unterhalb der installierten Leistung, produzieren Windkraftwerke nämlich häufiger mit Teillast als konventionelle Kraftwerke. Bei gleicher Verfügbarkeit, wie sie für die „sichere Leistung" des Windkraftwerks und die installierte Leistung des konventionellen Kraftwerks gegeben ist, bedeutet eine kleinere Standardabweichung der verfügbaren Leistung eine sicherere Energieversorgung und damit einen größeren Kapazitätseffekt. Die „sichere Leistung" unterschätzt aus diesem Grund den Kapazitätseffekt des Windkraftwerks; das gilt jedoch nur so lange, wie die Gesamtheit der Windkraftwerke mit einem einzelnen konventionellen Kraftwerk verglichen wird.

Die Standardabweichung der verfügbaren Leistung eines aus mehreren konventionellen Kraftwerken bestehenden Kraftwerkverbunds kann kleiner sein als die Standardabweichung der unterhalb der „sicheren Leistung" liegenden Windenergieproduktion, da die Standardabweichung der verfügbaren Leistung eines konventionellen Kraftwerkparks bei gegebener installierter Leistung mit wachsender Anzahl der Kraftwerkblöcke sinkt. Dieser Effekt ist bei konventionellen Kraftwerken wegen der statistischen Unabhängigkeit der einzelnen Energieproduktionen erheblich größer als bei Windkraftwerken, deren Energieproduktion statistisch abhängig ist. Bei einem Vergleich eines Windkraftwerkverbunds mit einem Verbund aus mehreren konventionellen Kraftwerken ist deshalb nicht mehr sichergestellt, daß die „sichere Leistung" des Windkraftwerks tatsächlich eine untere Schranke für den Kapazitätseffekt darstellt. Die Bestimmung einer unteren Schranke für den Kapazitätseffekt mittels der „sicheren Leistung" ist somit auf die Fälle beschränkt, in denen die Größenordnung des Kapazitätseffekts der Gesamtheit der Windkraftwerke die üblicherweise installierte Leistung eines konventionellen Vergleichskraftwerks (500 MW bis 1500 MW) nicht überschreitet.

Innerhalb des angegebenen Bereichs kann mit Hilfe der „sicheren Energie" der Kapazitätseffekt von Windkraftwerken ohne Kenntnis des bestehenden Kraftwerkparks, der gewünschten Versorgungssicherheit sowie der Nachfragestruktur abgeschätzt werden. Im Gegensatz dazu werden beim Verfahren der gesicherten Leistung genaue Angaben über diese Größen benötigt.

Durch die „sichere Leistung" wird die Windenergieproduktion in „sichere Energie" und „unsichere Energie" aufgeteilt. Die „sichere Leistung" des Windkraftwerks gibt gerade deshalb eine untere Grenze für den Kapazitätseffekt an, weil der durch die „unsichere Energie" bewirkte Kapazitätseffekt unberücksichtigt bleibt. Wie Bild 5.8 zeigt, wird durch Speicherkraftwerke bisher „unsichere Energie" in „sichere Energie" umgewandelt und so die „sichere Leistung" erhöht. Da durch Speicherkraftwerke weniger „unsichere Energie" anfällt als ohne Speicherkraftwerke, ist der Unterschied zwischen wahrem Kapazitätseffekt einerseits und durch die „sichere Leistung" abgeschätztem Kapazitätseffekt andererseits bei Berücksichtigung von Speicherkraftwerken geringer (die Schätzung also genauer) als ohne Speicherkraftwerke. Die Differenz zwischen den mit Hilfe der „sicheren Leistung" abgeschätzten Kapazitätseffekten einmal mit und einmal ohne Speicherkraftwerke gibt deshalb eine Obergrenze für die durch Speicherkraftwerke bedingte Erhöhung des Kapazitätseffekts an.

Bild 5.9 zeigt beispielhaft die maximale Erhöhung des Kapazitätseffekts für verschieden große Speicherkraftwerke. Zugrunde gelegt ist ein Küstenwindkraftwerkverbund mit zehn 300-MW-Windkraftwerken bei einer Jahresdurchschnitts-Windgeschwindigkeit in Nabenhöhe von 8 m/s und einer Störrate der konventionellen Kraftwerke von 10 %[10]. Ein Speicherkraftwerk mit einer Kapazität von 1 GWh, 5 GWh, 10 GWh führt zu einer maximalen Erhöhung des Kapazitätseffekts der Windkraftwerke um 100 MW, 265 MW, 340 MW.

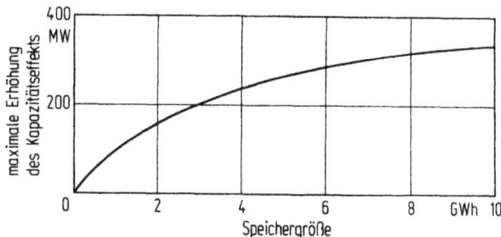

Bild 5.9. Maximale Erhöhung des Kapazitätseffekts durch Speicherkraftwerke

Ende des Exkurses.

---

10 Zu den einzelnen Ergebnissen bezüglich des Einflusses von Meßjahr, Jahresdurchschnitts-Windgeschwindigkeit, Größe der geographischen Ausdehnung des Windkraftwerkverbundsystems, Größe der Störrate von konventionellen Kraftwerken, Größe der Generatorleistung der Windkraftwerke, Größe der Nenndrehzahl etc. siehe [5, Abschnitt 9.4.2]

6 Bewertung von Windkraftwerken

Die Bewertung von Windkraftwerken (bzw. der Windenergie) kann zum einen nach einzelwirtschaftlichen, zum anderen nach gesamtwirtschaftlichen Gesichtspunkten durchgeführt werden.

Die einzelwirtschaftliche („betriebswirtschaftliche") Bewertung basiert auf den für das betreffende Unternehmen ausgabewirksamen Kosten und Erträgen. Grundsätzlich werden nur Kosten und Erträge berücksichtigt, die sich in den Marktpreisen widerspiegeln bzw. aufgrund von Steuern, Gesetzen und sonstigen Verordnungen ausgabewirksam sind.

Bei einer gesamtwirtschaftlichen („volkswirtschaftlichen") Bewertung werden sämtliche Kosten und Erträge berücksichtigt. Die gesamtwirtschaftliche Bewertung kann sich von der einzelwirtschaftlichen Bewertung insbesondere dadurch unterscheiden, als entweder bestimmte Kosten und Erträge beim einzelnen Unternehmen nicht ausgabewirksam sind oder aus übergeordneten Gesichtspunkten Kosten und Erträge anders als vom Markt bewertet werden. Beide Aspekte sind für die Stromerzeugung durchaus relevant [5, Abschnitt 2.4].

6.1 Betriebswirtschaftliches Bewertungsverfahren

Die einzelwirtschaftliche („betriebswirtschaftliche") Bewertung von Windkraftwerken erfolgt durch die Bestimmung des Barwerts der durch Windkraftwerke eingesparten Kosten; diese sind durch die bewertete eingesparte konventionelle Kraftwerksleistung und Brennstoffeinsparung gegeben, vgl. Tabelle 6.1. Der Barwert setzt sich aus folgenden Bestandteilen zusammen:

— Brennstoffkosten ohne Berücksichtigung der Kostensteigerung p^{fuel},

— Steigerung der Brennstoffkosten $\hat{p}^{fuel}$,

- variable Unterhalts- und Betriebskosten ohne Berücksichtigung der Kostensteigerung $p^{0+M(var)}$,
- Steigerung der variablen Unterhalts- und Betriebskosten $\hat{p}^{0+M(var)}$,
- Investitionskosten p^{Inv},
- feste Unterhalts- und Betriebskosten ohne Berücksichtigung der Kostensteigerung $p^{0+M(const)}$,
- Steigerung der festen Unterhalts- und Betriebskosten $\hat{p}^{0+M(const)}$.

Die ersten vier Größen dienen zur Bewertung der Brennstoffeinsparung, die letzten drei Größen dienen zur Bewertung der eingesparten konventionellen Kraftwerksleistung. Der Anteil der Kostensteige-

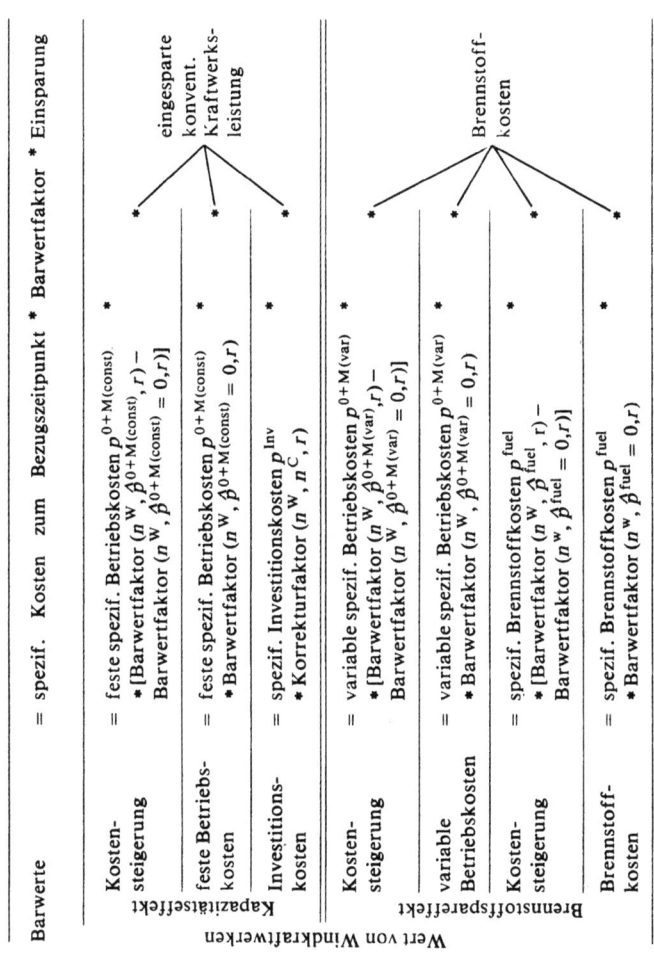

Tabelle 6.1. Wert von Windkraftwerken (zu den Abkürzungen siehe Tabelle 6.2)

Barwerte	= spezif. Kosten zum Bezugszeitpunkt * Barwertfaktor * Einsparung
Kapazitätseffekt	
Kostensteigerung	= feste spezif. Betriebskosten $p^{0+M(const)}$ * [Barwertfaktor $(n^W, \hat{p}^{0+M(const)}, r)$ − Barwertfaktor $(n^W, \hat{p}^{0+M(const)} = 0, r)$] *eingesparte konvent. Kraftwerksleistung*
feste Betriebskosten	= feste spezif. Betriebskosten $p^{0+M(const)}$ * Barwertfaktor $(n^W, \hat{p}^{0+M(const)} = 0, r)$ *
Investitionskosten	= spezif. Investitionskosten p^{Inv} * Korrekturfaktor (n^W, n^C, r) *
Brennstoffspareffekt	
Kostensteigerung	= variable spezif. Betriebskosten $p^{0+M(var)}$ * [Barwertfaktor $(n^W, \hat{p}^{0+M(var)}, r)$ − Barwertfaktor $(n^W, \hat{p}^{0+M(var)} = 0, r)$] *
variable Betriebskosten	= variable spezif. Betriebskosten $p^{0+M(var)}$ * Barwertfaktor $(n^W, \hat{p}^{0+M(var)} = 0, r)$ *
Kostensteigerung	= spezif. Brennstoffkosten p^{fuel} * [Barwertfaktor $(n^W, \hat{p}^{fuel}, r)$ − Barwertfaktor $(n^W, \hat{p}^{fuel} = 0, r)$] *Brennstoffkosten*
Brennstoffkosten	= spezif. Brennstoffkosten p^{fuel} * Barwertfaktor $(n^W, \hat{p}^{fuel} = 0, r)$ *

rung wird gesondert ausgewiesen, um dessen Einfluß auf den Barwert der eingesparten Kosten und damit auf den Wert der Windkraftwerke zu verdeutlichen.

Der gemäß Tabelle 6.1 resultierende Wert von Windkraftwerken gibt an, wie groß der Barwert der Investitions-, Unterhalts- und Betriebskosten von Windkraftwerken maximal sein darf, so daß Windenergie im Vergleich zu alternativen Energieträgern nach betriebswirtschaftlichen Gesichtspunkten konkurrenzfähig ist. Dieser Barwert wird häufig als anlegbare Bau- und Betriebsausgaben bezeichnet. Er schließt Unterhalt und Betrieb während der Lebensdauer der Windkraftwerke genau in dem Umfang mit ein, wie bei konventionellen Kraftwerken Unterhalt und Betrieb in den festen und variablen Unterhalts- und Betriebskosten enthalten sind.

Die Höhe der jährlichen Unterhalts- und Betriebskosten von Windkraftwerken ist mitentscheidend für ihre wirtschaftliche Konkurrenzfähigkeit. Betragen sie z. B. nur 3 % der Investitionskosten, so macht der Barwert der während der Lebensdauer des Windkraftwerks anfallenden Unterhalts- und Betriebskosten bereits etwa 50 % der Investitionskosten aus (zugrunde gelegte Parameterwerte lt. Tabelle 6.2). Für die Investitionsausgaben von Windkraftwerken können dann nur etwa zwei Drittel des Werts der Windkraftwerke angesetzt werden, das restliche Drittel muß für die Abdeckung der zu erwartenden Unterhalts- und Betriebskosten zurückgehalten werden.

Der Einsatz eines bestimmten Kraftwerktyps hängt neben der technischen Eignung (z. B. kurzfristige An- und Abschaltbarkeit) vor allem vom Verhältnis fixe Kosten zu variablen Kosten ab. Die fixen Kosten (Investitionskosten sowie ein kleiner Teil der Unterhalts- und Betriebskosten) fallen unabhängig vom Einsatz des Kraftwerks an, während die variablen Kosten (Unterhalts-, Betriebs- und Brennstoffkosten) von der Benutzungsdauer des Kraftwerks abhängen. Bild 6.1 zeigt die marginalen sowie die gesamten Produktionskosten für verschiedene Kraftwerktypen in Abhängigkeit von ihrer Benutzungsdauer. Für die Deckung der Spitzenlast werden Kraftwerke mit niedrigen Fixkosten und hohen variablen Kosten (z. B. Gasturbinen), für die Deckung der Grundlast hingegen Kraftwerke mit hohen Fixkosten und niedrigen variablen Kosten gewählt (z. B. Kern- oder Kohlekraftwerke). In der Mittellast kommen vor allem Kraftwerke zum Einsatz, deren Fixkosten und variable Kosten in einem mittleren Bereich liegen (z. B. Öl- oder Gaskondensationskraftwerke).

Wegen der stark schwankenden Nachfrage ist der Einsatz von sehr unterschiedlichen Kraftwerktypen erforderlich, weshalb die Grenz-

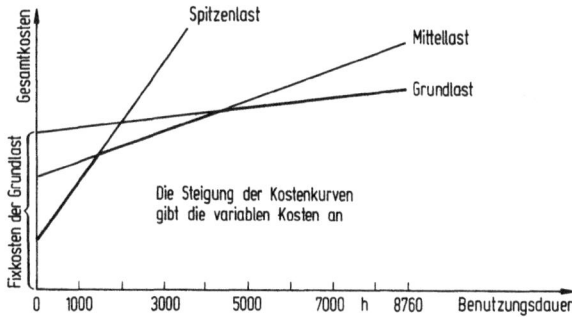

Bild 6.1. Gesamtkosten in Abhängigkeit von der Benutzungsdauer für verschiedene Kraftwerktypen
Hinweis: Die Steigung der Kostenkurve gibt die variablen Kosten an

produktionskosten relativ stark schwanken, vgl. Bild 6.2. Die Grenzproduktionskosten in konventionellen Kraftwerken bestimmen den Wert der zu diesem Zeitpunkt durch Windenergie eingesparten Brennstoffe[1]. Damit hängt der Wert der eingesparten Brennstoffe wesentlich von der zeitlichen Verteilung der Windenergieproduktion ab. Der in größeren Höhen vermutete Tagesgang der Windgeschwindigkeit mit Windgeschwindigkeitsmaxima während der Nacht bedeutet eine negative Korrelation der Stromnachfrage, die zu einer niedrigen Bewertung der durch Windkraftwerke bedingten Brennstoffeinsparung führt.

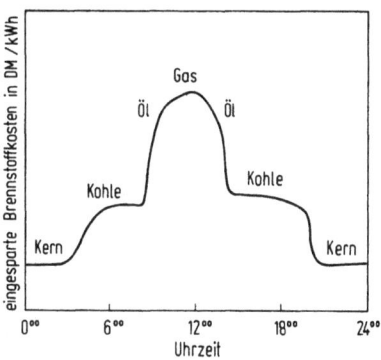

Bild 6.2. Abhängigkeit der eingesparten Brennstoffkosten vom Zeitpunkt der Produktion

---

1 Dabei müssen die Mindesteinsatzdauern sowie die zulässigen Regelbereiche der konventionellen Kraftwerke berücksichtigt werden

Die während der Lebensdauer von Windkraftwerken jährlich eingesparten Kosten können für die Bestimmung des Werts von Windkraftwerken nicht einfach addiert werden. Kosteneinsparungen, die zu unterschiedlichen Zeitpunkten anfallen, werden unterschiedlich bewertet und üblicherweise auf der Grundlage der Barwertmethode mit Hilfe des Kalkulationszinsfußes vergleichbar gemacht. Der Barwert einer Ausgabe gibt dabei an, welcher Geldbetrag zum Bezugszeitpunkt vorhanden sein muß, um eine bestimmte Ausgabe zu einem späteren oder früheren Zeitpunkt tätigen zu können. Dabei bedeutet z. B. ein Kalkulationszinsfuß in Höhe von 8,5 %/a, daß Ausgaben in Höhe von 100 DM zum Bezugszeitpunkt den gleichen Barwert haben wie Ausgaben von 108,50 DM ein Jahr später. Mit Hilfe des Barwertfaktors kann der Barwert der während der Lebensdauer von Windkraftwerken insgesamt eingesparten Kosten bestimmt werden. Der Barwertfaktor ist von der Lebensdauer der Windkraftwerke n^W, der jährlichen Steigerungsrate der betrachteten Kosten $\hat{p}$ und dem Kalkulationszinsfuß r abhängig. Mit $q = (1+\hat{p})/(1+r)$ ergibt sich der Barwertfaktor BF mit:

$$BF = (q^{n^W}-1)/(q-1).$$

Bild 6.3 zeigt beispielhaft die Bestimmung des Barwertfaktors für die Referenzparameter, also für eine nominale Brennstoffkostensteigerung von 8 %, einen Kalkulationszinsfuß von 8,5 % sowie eine Lebensdauer der Windkraftwerke von 20 Jahren. Der sich für diese Parameterwerte in Bild 6.3 ergebende Barwertfaktor von 19,15 bedeutet: Wird durch ein Windkraftwerk jährlich eine bestimmte Brennstoffmenge eingespart, wobei der Wert der Brennstoffeinsparung im ersten Betriebsjahr K Geldeinheiten beträgt, so ist der Barwert der während der Lebensdauer des Windkraftwerks insgesamt eingesparten Brennstoffkosten $19,15 \cdot K$ Geldeinheiten.

Je höher die Kostensteigerungsrate $\hat{p}$ sowie die Lebensdauer des Windkraftwerks n^W sind, desto höher ist der Barwertfaktor. Je höher der Kalkulationszinsfuß gewählt wird, desto niedriger ist der Barwertfaktor.

6.2 Bewertungsparameter

Tabelle 6.2 zeigt die für die Bewertung von Windkraftwerken erforderlichen zentralen Parameter sowie die für die Bundesrepublik Deutschland vorgeschlagenen Referenzwerte.

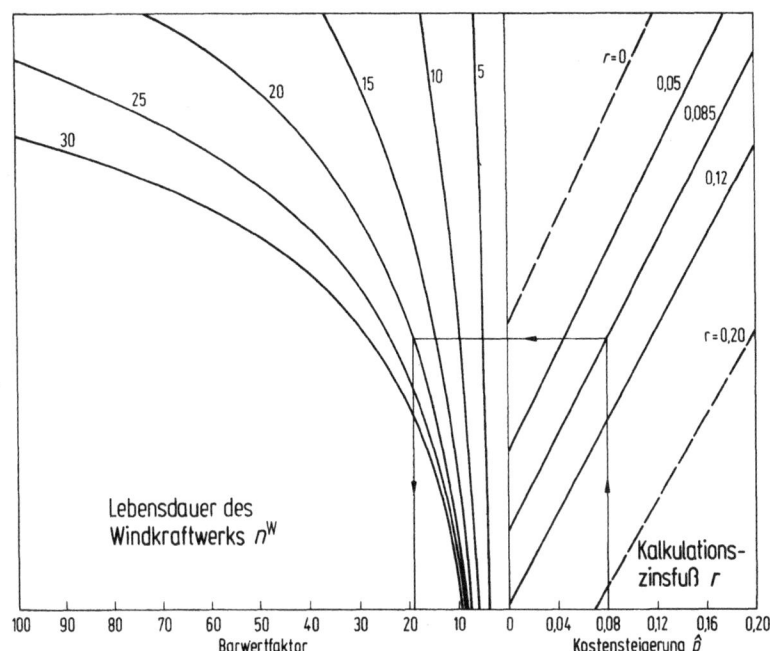

Bild 6.3. Bestimmung des Barwertfaktors

Tabelle 6.2. Zentrale Bewertungsparameter und deren Referenzwerte, Bezugszeitpunkt 1985

Kurzbeschreibung	Abkürzungen	Referenzwerte
Technische Parameter		
Lebensdauer der Windkraftwerke	n^W	20 Jahre
Lebensdauer der konventionellen Kraftwerke	n^C	20 Jahre
Umwandlungswirkungsgrad von thermischer in elektrische Energie	η	36 % (1 TWh$_e$ $\triangleq$ 10^{16} J$_{th}$)
Kosten		
Brennstoffkosten	p^{fuel}	0,06 DM/kWh
variable Betriebskosten	$p^{0+M(var)}$	0,01 DM/kWh
Barwert der Investitionskosten	p^{Inv}	2000 DM/kW
feste Betriebskosten	$p^{0+M(const)}$	100 DM/kW
Kostensteigerung		
allgemeine Inflationsrate	—	4,5 %/a
Brennstoffe	$\hat{\beta}^{fuel}$	8 %/a (3,5 %/a real)
variable Betriebskosten	$\hat{\beta}^{0+M(var)}$	6 %/a (1,5 %/a real)
feste Betriebskosten	$\hat{\beta}^{0+M(const)}$	6 %/a (1,5 %/a real)
Finanzmathematische Parameter		
Kalkulationszinsfuß	r	8,5 %/a
Barwertfaktor — Brennstoffe	BF^{fuel}	19,148
Barwertfaktor — Betriebskosten	BF^{0+M}	16,172
Korrekturfaktor	KF	1,0

6.2.1 Lebensdauer von Windkraftwerken

Die absolute Größe der Lebensdauer von Windkraftwerken ist von zentraler Bedeutung für ihren Wert. Der Wert von Windkraftwerken wird nämlich wesentlich durch die Größe der während der Lebensdauer der Windkraftwerke eingesparten Unterhalts-, Betriebs- und Brennstoffkosten bestimmt. Die Größe des gemäß Tabelle 6.1 für die Bewertung von Windkraftwerken mitentscheidenden Barwertfaktors ist wesentlich von der Lebensdauer der Windkraftwerke abhängig, vgl. Bild 6.3.

Die zentrale Bedeutung der absoluten Größe der Lebensdauer von Windkraftwerken wird auch durch den extrem hohen Anteil an fixen (genau: vor Aufnahme der Produktion anfallenden) Kosten für Windenergie deutlich. Je höher der Anteil dieser Kosten an den gesamten Produktionskosten ist, um so entscheidender ist die absolute Größe der Lebensdauer des Kraftwerks für seine wirtschaftliche Konkurrenzfähigkeit.

Bei der Bestimmung der anlegbaren Bau- und Betriebsausgaben von Windkraftwerken wird davon ausgegangen, daß diese die Kosten für Unterhalt und Betrieb während der Lebensdauer miteinschließen (Full-service-Vertrag). Ist die Lebensdauer geringer als vereinbart, so muß der Hersteller des Windkraftwerks im Rahmen des vereinbarten Wartungsvertrages für Ersatz sorgen. Durch die Bestimmung von anlegbaren Bau- *und* Betriebsausgaben anstelle der sonst üblichen Bestimmung der anlegbaren Bauausgaben (break-even-costs) kann das Problem der nur sehr schwer vorausschätzbaren Lebensdauer von Windkraftwerken gelöst bzw. auf die Schultern der Hersteller abgewälzt werden. Eine Prüfung der vom Hersteller angegebenen Lebensdauer kann somit entfallen.

Wie aus Tabelle 6.1 ersichtlich, ist das Verhältnis der Lebensdauer von Windkraftwerken und konventionellen Kraftwerken für die Bestimmung der eingesparten Investitionskosten von Bedeutung. Unterschiedliche Lebensdauern von Windkraftwerken n^W und konventionellen Kraftwerken n^C können mit Hilfe des Kalkulationszinsfußes r durch einen Korrekturfaktor KF berücksichtigt werden:

$$KF = [1-(1+r)^{-n^W}]/[1-(1+r)^{-n^C}].$$

Bild 6.4 zeigt die Bestimmung des Korrekturfaktors für verschiedene Kalkulationszinsfüße. Für den Referenzkalkulationszinsfuß von 8,5 %/a und die Referenzlebensdauer von 20 Jahren ist die Bestimmung des Korrekturfaktors beispielhaft angegeben.

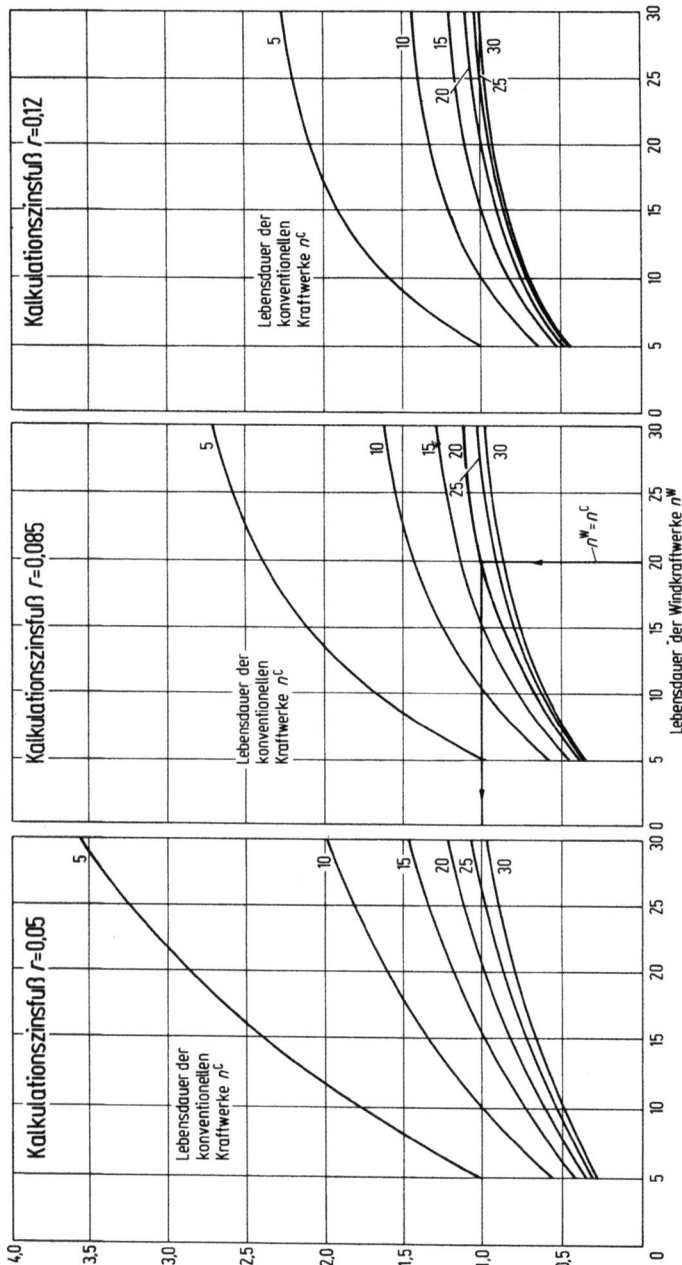

Bild 6.4. Korrekturfaktor für die Berücksichtigung unterschiedlicher Lebensdauern der konventionellen Kraftwerke (n^C) und der Windkraftwerke (n^W)

6.2.2 Stromkosten und deren Steigerungsraten

Die Stromproduktionskosten in konventionellen Kraftwerken sowie deren Steigerungsraten sind wesentliche Bestimmungsgrößen für die durch Windkraftwerke eingesparten Barwerte an Kosten.

Die zum Bezugszeitpunkt in konventionellen Kraftwerken zu erwartenden Investitions-, Unterhalts-, Betriebs- und Brennstoffkosten sowie die nach dem Bezugszeitpunkt zu erwartenden Kostensteigerungen sollten sich nach Möglichkeit auf offizielle Angaben stützen. Nur so wird verhindert, daß Wirtschaftlichkeitsberechnungen für Windkraftwerke wegen unterschiedlicher Wirtschafts- und Energieprojektionen abgelehnt werden. Zudem ist sichergestellt, daß ein Kostenvergleich zwischen den konkurrierenden Energieträgern auf der Basis von weitgehend anerkannten Parameterwerten durchgeführt werden kann. Dabei ist jedoch zu beachten, daß falsch prognostizierte Parameterwerte unterschiedliche Auswirkungen für unterschiedliche Energieträger haben. Insbesondere erheblich unterschätzte Kostensteigerungen für Brennstoffe führen zu einer erheblichen Unterschätzung der wirtschaftlichen Konkurrenzfähigkeit der Stromerzeugung aus Windkraftwerken.

Die in Tabelle 6.2 für die einzelnen Bewertungsparameter vorgeschlagenen Referenzwerte basieren grundsätzlich auf der offiziellen Standardstudie zur Ermittlung der Stromerzeugungskosten in Kohle- und Kernkraftwerken [2]. Anstatt der dort gemachten Annahme einer unrealistisch niedrigen Brennstoffkostensteigerung von real 1,8 %/a wird wegen der starken Erhöhungen in den Jahren 1977 bis 1979 von einer Steigerungsrate von real 3,5 %/a ausgegangen.

Die Annahme einer durchschnittlichen Brennstoffkosteneinsparung von 0,06 DM/kWh$_e$ basiert auf einer extrem konservativen Abschätzung der zu erwartenden Brennstoffkosten. 1977 betrugen diese für Braunkohle etwa 2 DM/GJ$_{th}$, für Importkohle 3,4 DM/GJ$_{th}$, für schweres Heizöl 5,1 DM/GJ$_{th}$ und für deutsche Kohle 5,7 DM/GJ$_{th}$. Bei einem Umwandlungswirkungsgrad von thermischer in elektrische Energie von 36 % entspricht 1 GJ$_{th}$ genau 100 kWh$_e$; die angegebenen Kosten in DM/GJ$_{th}$ entsprechen dann genau den Kosten in DM $\cdot$ 10^{-2}/kWh$_e$.

Diese Kosten führen im Bezugszeitpunkt 1985, sobald die ersten Entscheidungen über den Serienbau von Windkraftwerken anstehen dürften, bei der angenommenen nominalen Brennstoffkostensteigerung von 8 %/a zu etwa 0,034 DM/kWh$_e$ für Braunkohle, 0,06 DM/kWh$_e$ für Importkohle, 0,095 DM/kWh$_e$ für schweres Heizöl und 0,11 DM/kWh$_e$ für deutsche Kohle. Für Natururan incl. Anreicherung wird zu diesem Zeitpunkt mit etwa 0,025 DM/kWh$_e$ gerechnet, hinzu kommen noch erhebliche Kosten für Aufbereitung und Endlagerung.

Es ist zumindest für geringere Windkraftwerks-Penetrationen zu erwarten, daß nur relativ geringe Anteile der Brennstoffeinsparung aus Braunkohle und Uran bestehen. Zudem dürften wegen der Ölpreisexplosion im Jahr 1979 die 1977 für den Bezugszeitpunkt 1985 geschätzten Kosten für fossile Brennstoffe, sicherlich für Rohöl und Gas, vermutlich auch für Kohle (Substitution) erheblich zu niedrig angesetzt sein. Nach Abzug der allgemeinen Inflationsrate stiegen die Brennstoffkosten zwischen 1977 und 1980 für deutsche Steinkohle um 6%/a, für schweres Heizöl um 12%/a und für den Preisführer Rohöl um 19%/a. Alle Steigerungsraten liegen deutlich über der für die Untersuchung angenommenen Steigerungsrate von 3,5%/a. Damit kann die für 1985 angenommene durchschnittliche Brennstoffeinsparung von 0,06 DM/kWh$_e$ als untere Grenze betrachtet werden.

6.3 Sensitivitätsanalyse

Ausgehend von den in Tabelle 6.2 genannten Referenzwerten für die Bewertungsparameter wird untersucht, welchen Einfluß eine Veränderung der Parameter auf den Wert des Kapazitätseffekts sowie auf den Wert des Brennstoffspareffekts hat.

Bild 6.5 zeigt den Einfluß einer Veränderung der Parameter auf den Wert des Kapazitätseffekts. Eine Erhöhung der folgenden Größen erhöht den Wert des Kapazitätseffekts:
— Investitionskosten für konventionelle Kraftwerke p^{Inv},
— Lebensdauer von Windkraftwerken n^W,
— feste Unterhalts- und Betriebskosten $p^{0+M(const)}$,
— Steigerungsrate für die festen Unterhalts- und Betriebskosten $\hat{p}^{0+M(const)}$.

Eine Erhöhung der folgenden Größen vermindert den Wert des Kapazitätseffekts:
— Lebensdauer der konventionellen Kraftwerke n^C,
— Kalkulationszinsfuß r.

Veränderungen der folgenden Größen verändern den Wert des Kapazitätseffekts nicht:
— Brennstoffkosten p^{fuel},
— Steigerungsrate der Brennstoffkosten $\hat{p}^{fuel}$,
— variable Unterhalts- und Betriebskosten $p^{0+M(var)}$,

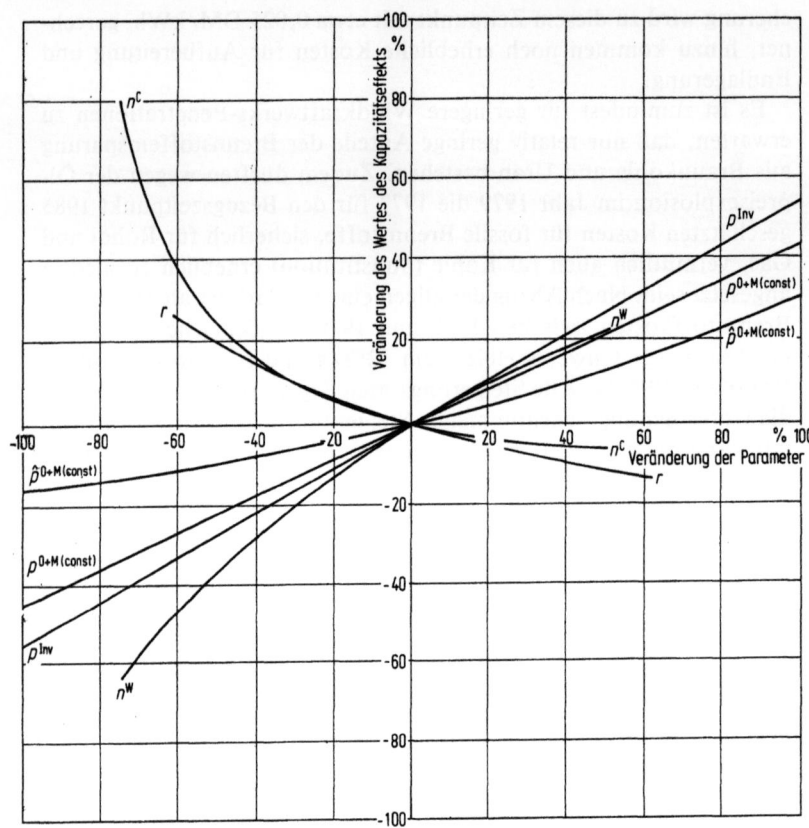

Bild 6.5. Sensitivitätsanalyse, Wert des Kapazitätseffekts

— Steigerungsrate der variablen Unterhalts- und Betriebskosten $\hat{p}^{0+M(var)}$.

Bild 6.6 zeigt den Einfluß einer Veränderung der Bewertungsparameter auf den Wert des Brennstoffspareffekts. Eine Erhöhung der folgenden Größen erhöht den Wert des Brennstoffspareffekts:

— Lebensdauer der Windkraftwerke n^W,
— Brennstoffkosten p^{fuel},
— Steigerungsrate für Brennstoffkosten $\hat{p}^{fuel}$,
— variable Unterhalts- und Betriebskosten $p^{0+M(var)}$,
— Steigerungsrate für variable Unterhalts- und Betriebskosten $\hat{p}^{0+M(var)}$,

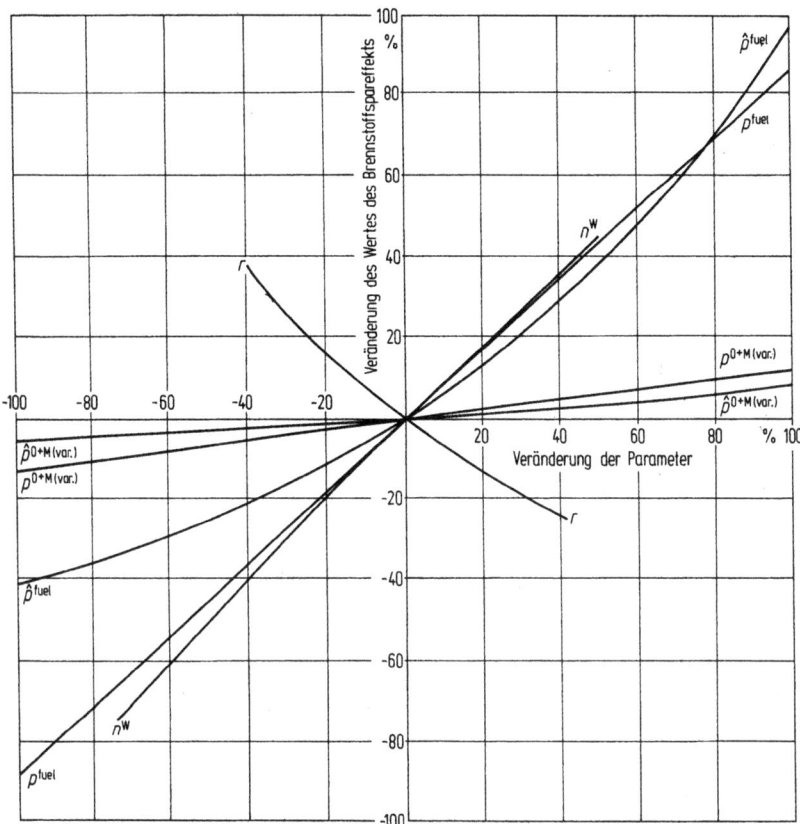

Bild 6.6. Sensitivitätsanalyse, Wert des Brennstoffspareffekts

Eine Erhöhung der folgenden Größe führt zu einer Verminderung des Werts des Brennstoffspareffekts:
— Kalkulationszinsfuß r.

Veränderungen der folgenden Parameterwerte verändern den Wert des Brennstoffspareffekts nicht:
— Investitionskosten p^{Inv},
— feste Unterhalts- und Betriebskosten $p^{O+M(const)}$,
— Steigerungsrate für feste Unterhalts- und Betriebskosten $\hat{p}^{O+M(const)}$,
— Lebensdauer der konventionellen Kraftwerke n^C.

Bei der Anwendung der Sensitivitätsanalyse müssen die zwischen einzelnen Parametern bestehenden Interdependenzen beachtet werden. So werden z. B. starke Kostensteigerungen für Brennstoffe die allgemeine Inflationsrate und damit ceteris paribus den Kalkulationszinsfuß erhöhen. Gleichzeitige Erhöhungen der Brennstoffkosten und des Kalkulationszinsfußes haben gegenläufige Wirkungen auf den Wert von Windkraftwerken. Veränderungen einzelner Parameter sollten deshalb immer unter Beachtung eventuell existierender Interdependenzen innerhalb einer relativ engen Bandbreite vorgenommen werden.

6.4 Sozialkosten-Nutzen-Analyse

Bei einer Sozialkosten-Nutzen-Analyse im Rahmen einer gesamtwirtschaftlichen Bewertung ist der Begriff der Kosten weiter zu fassen als bei einer einzelwirtschaftlichen Bewertung. Verursacht die Stromerzeugung Kosten, die bei den Energieversorgungsunternehmen nicht ausgabewirksam sind, so müssen diese Kosten dennoch von der Gesamtwirtschaft getragen werden. Gerade bei der monopolartigen Struktur der Stromerzeugung ist es sehr leicht denkbar, daß auf dem Stromsektor erhebliche Marktunvollkommenheiten herrschen [56, S. 299 ff.]. Derartige Kosten müssen durch entsprechende Steuern bzw. Gesetze für die betreffenden Unternehmen ausgabewirksam gemacht werden.

Beim Vergleich zwischen einzelnen konkurrierenden Energieversorgungssystemen muß darauf geachtet werden, daß diese unter gleichen Ausgangsbedingungen bewertet werden. Wird beispielsweise der Bau von mit deutscher Steinkohle befeuerten Kohlekraftwerken zur Erhöhung des Einsatzes elektrischer Primärenergie und damit zur Erhöhung der Versorgungssicherheit subventioniert, dann ist bei Vergleichsrechnungen ein entsprechender Betrag als Gutschrift in die Kostenkalkulation von Windkraftwerken einzusetzen, da Windenergie als inländischer Energieträger in gleicher Weise zur Erhöhung der Versorgungssicherheit beiträgt.

Ein anderes Beispiel stellen die für den Bau von neu entwickelten Energieumwandlungen gewährten staatlichen Ausfallbürgschaften, erhöhten Abschreibungsmöglichkeiten und direkte Staatszuschüsse dar. Diese gerade bei Neuentwicklungen von Kohle- und Kernkraftwerken üblichen Subventionen können als Prämie für das bei technischen Neuentwicklungen auftretende Risiko aufgefaßt werden. Derartige Subventionen müssen grundsätzlich bei Vergleichsrechnungen auf die Kosten der betreffenden Kraftwerke aufgeschlagen oder den Windkraftwerken gutgeschrieben werden.

Ein wichtiger Faktor für eine Sozialkosten-Nutzen-Analyse ist die Berücksichtigung der zukünftigen Verknappung eines Primärenergieträgers. Wenn beispielsweise beim Erdöl eine Verknappung in den 80er Jahren zu erwarten ist, dann wird der erforderliche Anpassungsprozeß gesamtwirtschaftliche Kosten verursachen, die sich in den heutigen Ölpreisen nicht widerspiegeln. Durch entsprechende Zusatzsteuern soll die sich abzeichnende Verknappungstendenz für die Unternehmen ausgabewirksam gemacht werden, so daß die heute getroffenen Investitionsentscheidungen an die bei Aufnahme der Produktion zu erwartende Marktlage angepaßt werden können[2].

Bei der Abschätzung des gesellschaftlichen Aufwands für die einzelnen Energieversorgungssysteme (bzw. Energieträger) sollte nicht, wie bisher üblich, von einer exogen vorgegebenen Nachfrage nach bestimmten Energieträgern ausgegangen werden. Vielmehr wird stattdessen auf den Bedarf nach Energiedienstleistungen abgestellt [58, 59] (z. B. Beweglichkeit, Transport, Beleuchtung, Telekommunikation, Warmwasser, Behaglichkeit in Gebäuden etc.). Für jede einzelne Energiedienstleistung wird sodann untersucht, welchen gesamtgesellschaftlichen Aufwand die zur Nachfragedeckung eingesetzten Energieversorgungssysteme verursachen.

Die sozialen Kosten der Windenergie[3] könnten durch die folgenden drei denkbaren Umweltprobleme verursacht werden: Lärm, Beeinträchtigung von Wellen (Fernseh- und Rundfunkempfang, Funkverkehr) sowie optische Beeinträchtigungen.

Der Lärm konnte bereits bei den meisten Prototypen in engen Grenzen gehalten werden und wird, wenn überhaupt, nur in der unmittelbaren Umgebung der Windkraftwerke bei mittleren und stärkeren Winden auftreten. Da dann jedoch ohnehin schon ein relativ starkes Luftgeräusch vorherrscht, dürfte die Beeinträchtigung durch Lärm nicht besonders groß sein. Dem Lärmproblem muß trotzdem bereits bei der Konzipierung einer Anlage größte Aufmerksamkeit gewidmet werden, da bei einer *Fehlspezifizierung* bestimmter Anla-

---

2   In diesem Zusammenhang ist zu berücksichtigen, daß Investitionsentscheidungen bezüglich konventioneller Kraftwerke einen Planungszeitraum von bis zu 10 Jahren bedingen, während Windkraftwerke innerhalb von 1 bis 2 Jahren errichtet werden können. Zum Problem der zukünftigen Verknappung siehe [57]
3   Auf die sozialen Kosten von Energieträgern, die mit der Windenergie konkurrieren, soll hier nicht eingegangen werden

genteile (v. a. Turm und Rotoren) niederfrequente Schwingungen erhebliche Lärmprobleme aufwerfen können, die ohne grundlegende Änderungen dieser Bauteile nicht behoben werden können; vgl. z. B. eine fehlspezifizierte 2-MW-Anlage in Boone/N. C. mit derartigen Problemen (Tabelle 2.1, Nr. 5).

Die Beeinträchtigung des Fernseh- und Rundfunkempfangs hängt vor allem von den für den Bau der Blätter verwendeten Materialien ab. Die Verwendung von Stahl und Aluminium verursacht voraussichtlich eine fühlbare Empfangsstörung, während bei Glasfaser- und Kohle-Kompositwerkstoffen die Empfangsbeeinträchtigung vernachlässigbar klein sein dürfte. Durch den Bau von Windkraftwerken verursachte Empfangsstörungen lassen sich vermutlich genauso wie Reflexionen durch Hochhäuser mittels Richtantennen beheben; noch besser ist eine Verkabelung der Informationswege.

Der Bau von Windkraftwerken bedingt wegen der Installation einer Vielzahl von hohen Türmen in ebenen Küstenlandschaften eine optische Beeinträchtigung [60]. Die Türme haben eine Höhe von etwa 100 m und einen Durchmesser von 3 m bis 4 m, die Flügel haben eine Länge von etwa 50 m bei einer Breite von durchschnittlich 1 m. Ein mäßiger Ausbau der Windenergie an der norddeutschen Küste führt zu einer Installation von etwa 4000 bis 6000 Türmen, die selbstverständlich eine mehr oder weniger starke optische Beeinträchtigung darstellen. Andererseits sind bereits heute etwa 50 000 Höchstspannungsmasten über 110 kV in der norddeutschen Tiefebene installiert. Ein nicht unwesentlicher Teil dieser Höchstspannungsleitungen ist nicht zur Versorgung der Bevölkerung mit Strom erforderlich, vielmehr dienen diese als Reserveleitungen für die großen zentralen Kohle- und Kernkraftwerkblöcke. Werden statt Windkraftwerken zentralisierte thermische Kraftwerkblöcke gebaut, so ist mit einem weiteren erheblichen Zubau von großen Überlandleitungen zu rechnen. Alternativ dazu kann die bei Windkraftwerken erforderliche Reserveleistung mit ihrer relativ geringen jährlichen Benutzungsdauer teilweise dezentral in Verbrauchsschwerpunkten errichtet werden. Damit ist die durch Windkraftwerke bedingte optische Beeinträchtigung erheblich geringer als erste überschlagsmäßige Berechnungen vermuten lassen.

Im Rahmen einer Sozialkosten-Nutzen-Analyse ist grundsätzlich keine Quantifizierung von sozialen Kosten und damit auch keine direkte Einbindung der sozialen Kosten in das einzelwirtschaftliche Bewertungsschema möglich. Trotzdem oder gerade deshalb müssen die sozialen Kosten von alternativen Energieversorgungssystemen genau abgeschätzt werden, da tendenziell die sozialen Kosten von regenerativen Energiequellen wie Windenergie geringer sein dürften als von nichtregenerativen Energiequellen wie Kohle- oder Kernenergie; eine Nichtberücksichtigung der sozialen Kosten führt deshalb grundsätzlich zu einer zu niedrigen Bewertung der Windenergie und damit möglicherweise zu einem suboptimalen Energieversorgungssystem.

7 Ergebnisse für die Bundesrepublik Deutschland

Im Rahmen einer von der Internationalen Energieagentur (IEA) geförderten Untersuchung wurden die für die Bundesrepublik Deutschland relevanten Größen des Brennstoffspareffekts und des Kapazitätseffekts, der mögliche Anteil der Windenergie an der Stromerzeugung sowie die anlegbaren Bau- und Betriebsausgaben von Windkraftwerken bestimmt [5]. Im folgenden werden die zentralen Ergebnisse dieser Studie, deren theoretische Grundlage die hier vorliegende Arbeit enthält, dargestellt, vgl. dazu auch [61] und [62].

7.1 Ergebnisse I: Brennstoffeinsparung und eingesparte konventionelle Kraftwerksleistung (Kapazitätseffekt)

Die dargestellten Ergebnisse beruhen auf folgenden Grundlagen und Annahmen:

— Die Windkraftwerke seien grundsätzlich als Verbundsystem im gesamten norddeutschen Küstenbereich (Küstenverbund) betrieben. Alternativ dazu wird zum einen ein einzelnes Windkraftwerk im Küstenbereich (Einzelwindkraftwerk) untersucht, zum anderen ein Verbundsystem, das Standorte in allen Regionen der Bundesrepublik Deutschland umfaßt (Gesamtverbund). Als Einzelwindkraftwerk sei dabei ein lokaler Verbund von 100 Windkraftanlagen zugrunde gelegt (Typ GROWIAN mit je 3 MW installierter Leistung und je 100 m Durchmesser). Dieses Einzelwindkraftwerk wird im folgenden als 300-MW-Windkraftwerk bezeichnet.

— Die geplanten Stillegungen von Windkraftwerken seien mit 5 %, die von konventionellen Kraftwerken mit 8 % der je 20jährigen Lebensdauer angenommen. Störungsbedingte Abschaltungen seien 5 % bei Windkraftwerken und 10 % bei konventionellen Kraftwerken.

— Es wird von den gemessenen und auf 100 m Nabenhöhe hochgerechneten stündlichen Originalwerten der Windgeschwindigkeiten

im norddeutschen Küstengebiet mit einem zugrunde gelegten Mittelwert von 8 m/s ausgegangen.
— Die Windenergie wird alternativ in das 1977 an der Küste bestehende Stromversorgungsnetz mit einer installierten konventionellen Kraftwerksleistung von 8,6 GW und einer Jahresenergieproduktion von 39,4 TWh$_e$ (Küstennetz) sowie in das öffentliche Stromversorgungsnetz der Bundesrepublik Deutschland mit 67 GW und 270 TWh$_e$ (Gesamtnetz) eingespeist.
— Die Größe der eingesparten konventionellen Kraftwerksleistung wird mittels des bei den Energieversorgungsunternehmen allgemein verwendeten Verfahrens der Bestimmung der gesicherten Leistung eines Kraftwerks ermittelt.
— Für die Bestimmung der Brennstoffersparnis wird der Umwandlungswirkungsgrad von thermischer in elektrische Energie mit 36 % angenommen; damit entsprechen $10^{16} J_{th}$ genau 1 TWh$_e$.

7.1.1 Zentrale Ergebnisse

Bild 7.1 zeigt die zentralen Ergebnisse für die Brennstoffeinsparung und die eingesparte konventionelle Kraftwerksleistung. Parameter jeder dieser Kurven ist die Zahl der installierten 300-MW-Windkraftwerke, die von 1 bis 40 variiert wird. Die verschiedenen Kurven entsprechen unterschiedlichen Windverbundgrößen und Abnehmernetzgrößen. Es ergeben sich die bereits in den Kapiteln 4 und 5 grundsätzlich erläuterten Zusammenhänge, die im folgenden zusammengefaßt werden:
— Die geographische Ausdehnung des Windkraftwerkverbunds, die Größe des Netzes, in das die Windenergie eingespeist wird, sowie die Anzahl der installierten Windkraftwerke sind — bei gegebenen meteorologischen Verhältnissen — von entscheidender Bedeutung sowohl für die Brennstoffeinsparung als auch die eingesparte konventionelle Kraftwerksleistung je Windkraftwerk.
— Je großräumiger der Windkraftwerkverbund, desto größer ist bei gleicher installierter Windkraftwerksleistung der Kapazitätseffekt.
— Eine Vergrößerung des Netzes, in das die Windenergie eingespeist wird, führt ceteris paribus zu einer Verminderung der Penetration und deshalb zu einer wesentlichen Erhöhung der eingesparten konventionellen Kraftwerksleistung. Einsparung bedeutet bei konstanter Nachfrage Stillegung, bei steigener Nachfrage Verzicht auf Zubau entsprechender konventioneller Kraftwerksleistung.

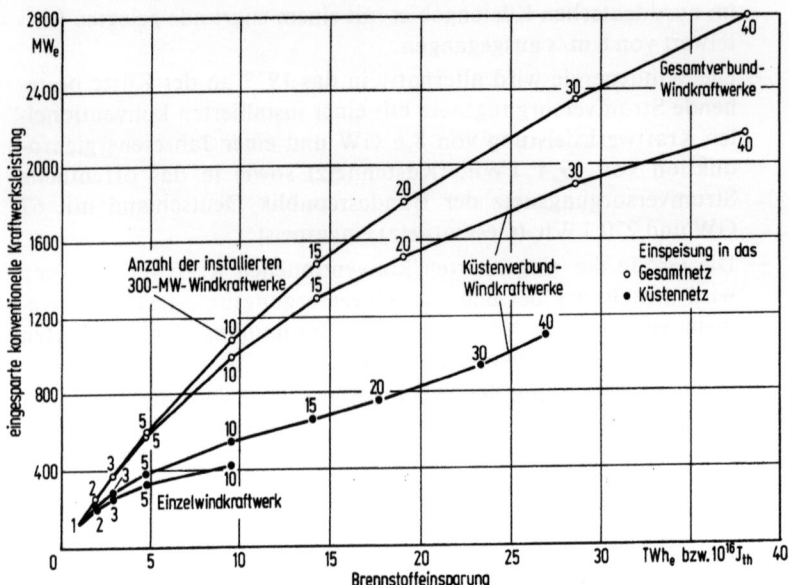

Bild 7.1. Brennstoffeinsparung und eingesparte konventionelle Kraftwerksleistung

— Wird die Windenergie nur in das relativ kleine Küstennetz eingespeist, so beginnt die momentane Windenergieproduktion häufig die momentane Nachfrage zu übersteigen, falls 15 oder mehr 300-MW-Windkraftwerke installiert sind, so daß ein wachsender Teil der Windenergieproduktion ungenutzt bleibt.

Bild 7.2 zeigt den Zusammenhang zwischen der durchschnittlichen monatlichen Stromnachfrage an der norddeutschen Küste im Jahr 1975 und der durchschnittlichen monatlichen Windenergieproduktion; diese ist über die Jahre 1969 bis 1976 gemittelt. Wie man sieht, sind die monatliche Stromnachfrage und die monatliche Windenergieproduktion recht gut korreliert. Daneben haben detaillierte Untersuchungen für den norddeutschen Küstenbereich ergeben, daß die Windenergieproduktion nur um etwa ± 5 % um den langjährigen Durchschnitt schwankt. Die gute saisonale Korrelation zwischen Windenergieproduktion und Stromnachfrage einerseits und die geringen jährlichen Schwankungen der Windenergieproduktion andererseits führen zu einer erheblichen Aufwertung der Windenergie. Es entfallen nämlich die zusätzlichen Reservekraftwerke, die bei starken saisonalen und jährlichen Schwankungen eines Energieträgers (wie z. B. bei Flußkraftwerken) zur Aufrechterhaltung der langfristigen Versorgungssicherheit erforderlich sind.

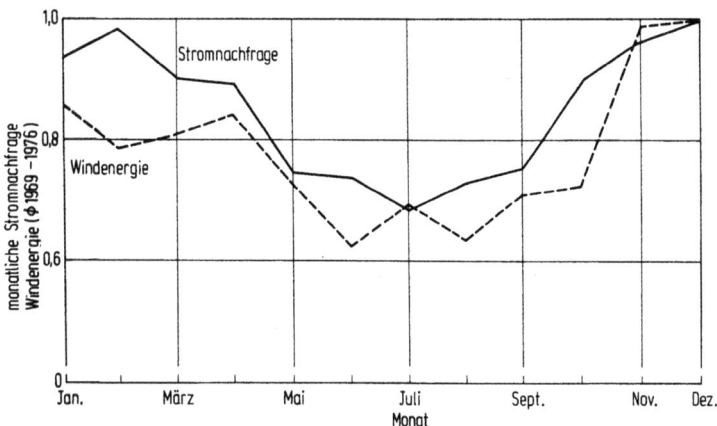

Bild 7.2. Saisonale Schwankung der Stromnachfrage und des Windenergieangebots

7.1.2 Parametervariation

Im folgenden sind die Ergebnisse für unterschiedliche Windmeßjahre, unterschiedliche Jahresdurchschnitts-Windgeschwindigkeiten sowie unterschiedliche spezifische Generatorleistungen angegeben. Die Berechnungen basieren auf einem Küstenverbund von zehn 300-MW-Windkraftwerken (installierte Gesamtleistung *3000 MW*) bei Einspeisung in das Gesamtnetz.

— Mit Ausnahme des Extremjahres 1974 sind die Abweichungen zwischen den einzelnen Jahren überraschend gering. Die jährliche Brennstoffeinsparung kann als normalverteilt betrachtet werden mit einem Erwartungswert von $9,5 \cdot 10^{16} J_{th}$ und einer relativen Standardabweichung von 6,1 %. Die eingesparte konventionelle Kraftwerksleistung kann als normalverteilt betrachtet werden mit einem Erwartungswert von 990 MW und einer relativen Standardabweichung von 5,0 %.

— Ceteris paribus bewirkt eine Verminderung der Jahresdurchschnitts-Windgeschwindigkeit von 8 m/s auf 6 m/s eine Abnahme sowohl der Brennstoffeinsparung als auch der eingesparten konventionellen Kraftwerksleistung um 46 %. Eine Erhöhung von 8 m/s auf 10 m/s erhöht die Brennstoffeinsparung um 37 % und die eingesparte Kraftwerksleistung um 46 %.

— Eine Erhöhung der installierten Generatorleistung je GROWIAN von 3 MW auf 5 MW, 7 MW führt zu einer Erhöhung der Brennstoffeinsparung um 14 %, 16 % und einer Erhöhung der eingesparten konventionellen Kraftwerksleistung um 7 %, 8 %. Eine

Verminderung der Generatorleistung von 3 MW auf 1 MW führt zu einer Verminderung der Brennstoffeinsparung um 43 % und der eingesparten konventionellen Kraftwerksleistung um 34 %.

7.1.3 Bedeutung und Einsatz von Speichern

Die Untersuchungen ergaben, daß allein den Windkraftwerken zugeordnete Speicher energiewirtschaftlich nicht sinnvoll sind, weil das Windkraftwerkverbundsystem keine wesentlich anderen Anforderungen an ein Speichersystem stellt als das konventionelle Kraftwerksystem. Es mag allerdings sein, daß die Spannungs- und Frequenzstabilität eine Kurzzeitspeicherung im Minuten-Bereich unmittelbar am Windkraftwerksstandort erforderlich macht. Diese Kurzzeitspeicher könnten z. B. als Schwungradspeicher ausgebildet sein; ihnen käme dann ein gewisser Ausgleichseffekt für Energieproduktionsschwankungen bis zum Ein-Stunden-Bereich zu.

Alle übrigen, dem gesamten Versorgungssystem zugeordneten Speicherkraftwerke erhöhen den Kapazitätseffekt und damit die anlegbaren Bau- und Betriebsausgaben von Windkraftwerken nicht wesentlich. Das liegt hauptsächlich daran, daß gerade großräumige Flauten von langer Dauer verantwortlich sind für den relativ geringen Kapazitätseffekt der Windkraftwerke, vgl. etwa die früher in Bild 3.3 gezeigte Windenergieproduktion an der norddeutschen Küste vom 18. Juni bis 25. Juni oder auch die Windenergieproduktion in Bild 3.4 vom 15. Dezember bis 21. Dezember. Selbst während eines besonders windstarken Monats kann während mehrerer Tage hintereinander die Energieproduktion eines großen Windkraftwerkverbundsystems sehr gering sein, vgl. Bild 7.3. Dort ist die Stromnachfrage in den Niederlanden im März 1975 der Windenergieproduktion eines Windkraftwerkverbundsystems in den Niederlanden mit einer installierten Leistung von 2700 MW gegenübergestellt. Vom 3. März bis 5. März sowie vom 7. März bis 9. März betrug die Windenergieproduktion weniger als 10% der installierten Windkraftwerksleistung [64]. Die für den Ausgleich derartiger Flauten erforderlichen Speicher im Hundert-Stunden-Bereich lassen sich in der Bundesrepublik Deutschland aus topographischen und technischen Gründen kaum realisieren. Darüber hinaus sind sie wegen der sehr geringen Benutzungsdauer (< 100 h) äußerst unwirtschaftlich.

Eine energiewirtschaftliche Optimierung zeigt, daß ein Zubau von höchstens ein bis zwei Kilowattstunden Speicherkapazität je Kilowatt installierter Windkraftwerksleistung sinnvoll ist. Vergleichsweise standen 1977 in der Bundesrepublik Deutschland je Kilowatt instal-

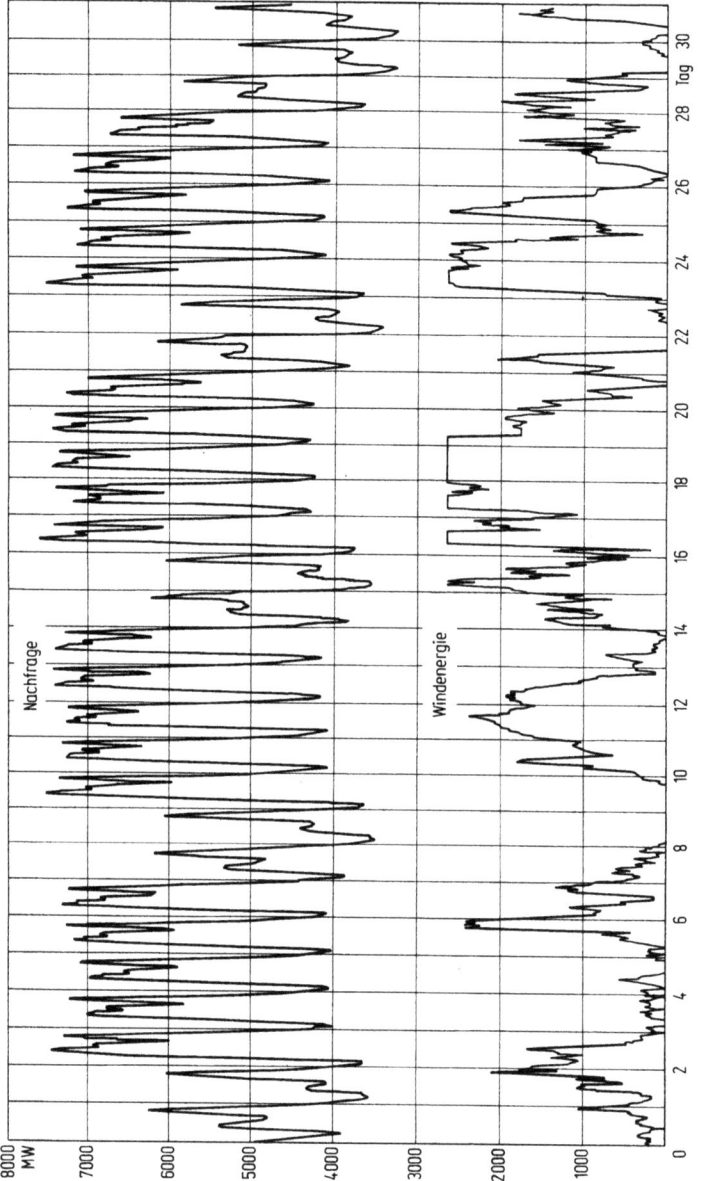

Bild 7.3. Vergleich von Stromnachfrage und Windenergieangebot während eines windstarken Monats, Windkraftwerkverbundsystem in den Niederlanden mit einer installierten Leistung von 2700 MW, März 1975

lierter konventioneller Kraftwerksleistung etwa 1,5 Kilowattstunden reine Pumpspeicherkapazität zur Verfügung.

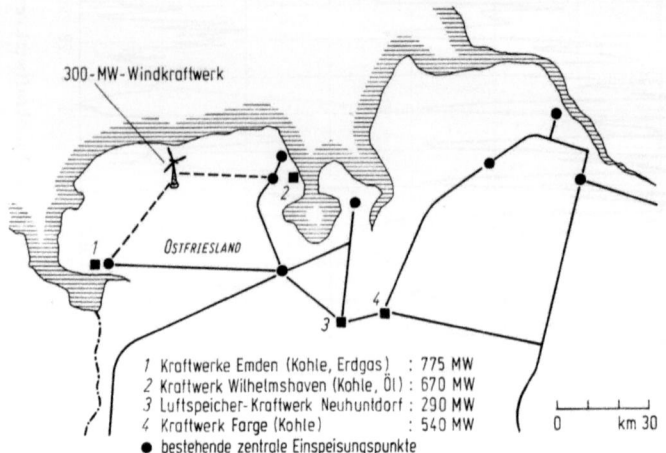

Bild 7.4. Bestehendes Hochspannungsnetz im niedersächsischen Küstengebiet mit 220 kV und darüber

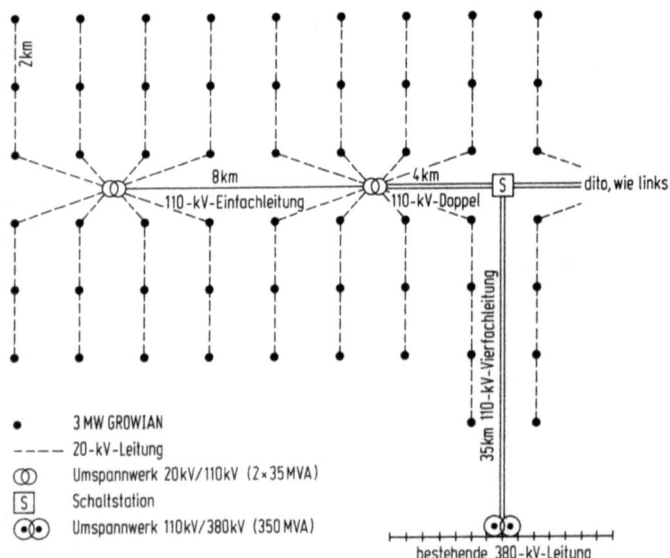

Bild 7.5. Schema eines Leitungssystems für ein 300-MW-Windkraftwerk mit 100 Türmen in Ostfriesland

7.1.4 Anbindung der Windkraftwerke an das Netz

Ein Windkraftwerk muß genauso wie ein konventionelles Kraftwerk an das Überlandleitungsnetz angeschlossen werden. Bei herkömmlichen Kraftwerken steht die abgegebene Leistung konzentriert an der Generatorklemme zur Verfügung und kann am Übergabepunkt in das Hochspannungsnetz eingespeist werden, vgl. Bild 7.4.

Bei Windkraftwerken hingegen wird die Energie mittels einer großen Zahl von relativ weit voneinander entfernt stehenden Windkraftanlagen (Türmen) gewonnen. Diese einzelnen Windkraftanlagen müssen, wie Bild 7.5 zeigt, durch ein neu zu installierendes Windkraftwerksnetz zusammengefaßt werden. Wird kein extrem hoher Anteil der installierten Windkraftwerksleistung an der gesamtinstallierten Windkraftwerksleistung angenommen (Obergrenze etwa 15%), so erscheint es angemessen, nur den zur Zusammenfassung der einzelnen Windkraftanlagen sowie zur Einbindung der Windkraftwerke ins Hochspannungsnetz erforderlichen Leitungsbau zu betrachten. Eine allgemeine Netzverstärkung ist in diesem Fall nicht erforderlich, da der überwiegende Teil der Windenergie in etwa dort verbraucht werden kann, wo er auch erzeugt wird. Nur ein geringer Teil muß in diesem Fall großräumig fortgeleitet werden.

Bild 7.5 zeigt einen Vorschlag aus einem deutschen Energieversorgungsunternehmen, wie 100 Windkraftanlagen vom Typ GROWIAN mit einer installierten Leistung von je 3 MW zu einem 300-MW-Windkraftwerk zusammengefaßt und in das bestehende 220-V/380-kV-Leitungssystem eingebunden werden können [65], [66].

Unter der Annahme eines durchschnittlichen Abstands zwischen den einzelnen Windkraftanlagen vom 20fachen des Rotordurchmessers (also etwa 2 km) setzt sich das Windkraftwerksnetz im einzelnen wie folgt zusammen, vgl. Bild 7.5:

— 200 km 20-kV-Leitung zur Verbindung der einzelnen 3-MW-Windkraftanlagen,
— 8 Umspannstationen 20 kV/110 kV à 35 MVA, um die durch die 20-kV-Leitungen gesammelte Windenergie mittels 110-kV-Leitungen verlustarm und kostengünstig sammeln zu können,
— 40 Schaltfelder für die Umspannstationen,
— 16 km 110-kV-Leitung (Einfachsystem) sowie 8 km 110-kV-Leitung (Doppelsystem) als Sammelleitungen,
— zentrales Schaltfeld zur Verbindung der 110-kV-Sammelleitung mit der 110-kV-Stichleitung,

- 35 km 110-kV-Leitung (4-fach) als Stichleitung zum Höchstspannungsnetz,
- 110 kV/380 kV-Umspannstation zur Einspeisung der Windenergie in das Höchstspannungsnetz, oder, falls eine Direkteinspeisung der Windenergie in den Knotenpunkt der Höchstspannungsleitung ohne Umspannung möglich ist, entsprechende Schaltfelder für die Einspeisung,
- Kraftwerksleitstelle für das 300-MW-Windkraftwerk,
- Informationsleitungen zwischen den einzelnen Windkraftanlagen und der Kraftwerksleitstelle.

Die genaue Ausgestaltung der Netzanbindung sowie des im einzelnen erforderlichen Aufwands ist sehr vom bestehenden Netz, den bestehenden Kraftwerken sowie dem Abstand der einzelnen Windkraftanlagen abhängig. Im Rahmen einer Netzoptimierung muß untersucht werden, welchen Anteil die Mittelspannungsleitungen, die Umspannstationen von Mittelspannung auf Hochspannung, die Hochspannungsleitungen sowie gegebenenfalls die Höchstspannungsleitungen in einem optimierten Windkraftwerksleitungsnetz haben.

7.1.5 Möglicher Anteil der Windenergie an der Stromerzeugung

Für die folgenden Überlegungen wird von einem Windkraftwerkverbundsystem an der norddeutschen Küste ausgegangen, dessen Energieerzeugung in das 1977 in der Bundesrepublik Deutschland bestehende Netz der öffentlichen Elektrizitätsversorgung eingespeist wird. Bild 7.6 zeigt die relativ zur deutschen Stromversorgung angegebene Brennstoffeinsparung und eingesparte konventionelle Kraftwerksleistung in Abhängigkeit von der installierten Windkraftwerksleistung.
- Zwanzig 300-MW-Windkraftwerke (6000 MW installierte Leistung) decken mit einer Nettoenergieproduktion (Brennstoffeinsparung) von 19 TWh$_e$ etwa 7 % der Stromnachfrage und ersetzen mit 1500 MW etwa 2,2 % der konventionellen Kraftwerksleistung. Zum Vergleich: 1977 hatten die Wasserkraftwerke der öffentlichen Stromversorgung mit 15 TWh$_e$ und die Ölkraftwerke mit 17 TWh$_e$ eine vergleichbare Energieproduktion.
- Vierzig 300-MW-Windkraftwerke (12 000 MW installierte Leistung) decken mit einer Nettoenergieproduktion von 38 TWh$_e$ etwa 14 % der Stromnachfrage und sparen mit 2160 MW etwa 3,2 % der konventionellen Kraftwerksleistung ein. Zum Vergleich: Eine ähnliche Energieproduktion hatten 1977 die Kernkraftwerke mit 35 TWh$_e$, während die Gaskraftwerke mit 49 TWh$_e$ um 30 %, die Steinkohlekraftwerke mit 64 TWh$_e$ um 70 % und die Braunkohle-

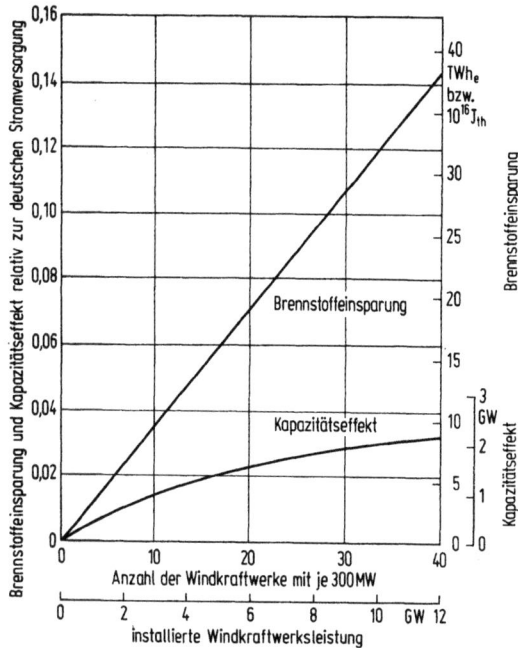

Bild 7.6. Brennstoffeinsparung und eingesparte konventionelle Kraftwerksleistung (Kapazitätseffekt)

kraftwerke mit 84 TWh$_e$ um 120 % über dieser Windenergieproduktion lagen.

Die Zahl von vierzig 300-MW-Windkraftwerken, d. h. 4000 GROWIAN, entspricht einer relativ konservativen Abschätzung der Ausbaumöglichkeiten im norddeutschen Küstengebiet[1]. Dieses Gebiet umfaßt mit 37 000 km² 14 % der Fläche der Bundesrepublik Deutschland; davon würden nur 0,2 %, also 70 km², tatsächlich für das reine Anlagengelände der Windkraftwerke benötigt, nur diese Fläche würde einer anderen Nutzung entzogen.

Eine volle Ausschöpfung des technisch nutzbaren Potentials des norddeutschen Küstengebiets würde den Bau von etwa 25 000 GROWIAN erfordern. Zum Vergleich: Das Höchstspannungsnetz von 110 kV und darüber weist im Gebiet der norddeutschen Bundesländer Schleswig-Holstein, Hamburg, Bremen und Niedersachsen eine

---

1 Siehe dazu auch die zustimmenden Reaktionen der Bundesregierung auf die dargestellten Ergebnisse, vgl. [61, S. 25 ff.]

Gesamtlänge von etwa 17 000 km auf; bei rund 3 Masten je Kilometer sind damit etwa 50 000 Höchstspannungsmasten in dem von uns betrachteten Gebiet installiert. Ein Windkraftwerksausbau im Rahmen des im norddeutschen Küstengebiet technisch nutzbaren Potentials könnte eine Windenergieproduktion liefern, die dem gesamten Stromverbrauch der Bundesrepublik Deutschland von 1977 vergleichbar wäre.

7.2 Ergebnisse II: Wert von Windkraftwerken

Der Wert von Windkraftwerken ist durch die anlegbaren Bau- und Betriebsausgaben bestimmt. Diese geben an, wie groß der Barwert der Investitions- und Betriebskosten maximal sein darf, so daß Windenergie im Vergleich zu alternativen Energieträgern wirtschaftlich genutzt werden kann. Die wirtschaftliche Konkurrenzfähigkeit ist um so günstiger, je höher die anlegbaren Ausgaben sind.

Im folgenden wird der Wert von Windkraftwerken bestimmt, die im Rahmen eines Küstenwindkraftwerkverbunds betrieben werden und deren Energieproduktion in das öffentliche Netz der Bundesrepublik Deutschland eingespeist wird. Die Bewertung erfolgt mit den branchenüblichen Projektionen der Investitions-, Betriebs- und Brennstoffkosten von konventionellen Kraftwerken sowie der Kapitalbeschaffungskosten auf der Preisbasis 1985, vgl. Tabelle 6.2:
— Kalkulationszinsfuß 8,5 %/a bei einer allgemeinen Inflationsrate von 4,5 %/a,
— Durchschnittswert der eingesparten Brennstoffe 0,06 DM/kWh$_e$,
— Brennstoffkostensteigerung 3,5 %/a real (8,0 %/a nominal),
— Durchschnittswert der eingesparten konventionellen Kraftwerksleistung 2000 DM/kW.

7.2.1 Anlegbare Bau- und Betriebsausgaben

Bild 7.7 zeigt die anlegbaren Bau- und Betriebsausgaben in Abhängigkeit von der installierten Windkraftwerksleistung bzw. der Penetration. Sie betragen für das erste 300-MW-Windkraftwerk 5740 DM/kW und sinken bei vierzig 300-MW-Windkraftwerken auf 4800 DM/kW.

Die anlegbaren Bau- und Betriebsausgaben steigen bei gegebener installierter Windkraftwerksleistung mit der Größe des Netzes, in das die Windenergie eingespeist wird, sowie mit wachsender Großräumigkeit des Windkraftwerkverbunds. Sie sinken mit wachsender Penetrationsrate, wobei eine besonders deutliche Abnahme ab einer Pe-

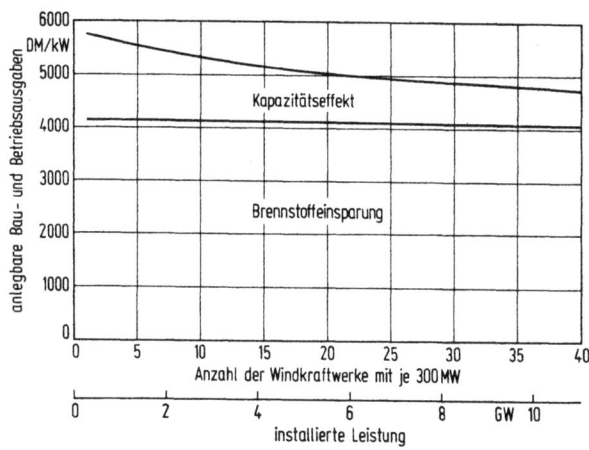

Bild 7.7. Anlegbare Bau- und Betriebsausgaben für verschiedene Petrationsraten

netrationsrate von 25 % zu verzeichnen ist, da dann die Windenergieproduktion die Energienachfrage selbst im Gesamtnetz der Bundesrepublik Deutschland zeitweise übersteigt.

Die eingesparten Brennstoffkosten haben einen wesentlichen Anteil am Wert von Windkraftwerken. Bei zehn 300-MW-Windkraftwerken teilt sich der Wert der Windenergie auf die einzelnen eingesparten Kosten folgendermaßen auf:
— Brennstoffkosten ohne Kostensteigerung: 36,5 %,
— Brennstoffkostensteigerung: 31,6 %,
— variable Betriebskosten incl. Kostensteigerung: 9,5 %,
— Investitionskosten: 12,4 %,
— feste Betriebskosten incl. Kostensteigerung: 10 %.

Der Anteil der Brennstoffeinsparung beträgt also 77,6 %, der Anteil des Kapazitätseffekts 22,4 %.

Eine Verminderung der Jahresdurchschnitts-Windgeschwindigkeit in Nabenhöhe von 8 m/s auf 6 m/s führt bei zehn 300-MW-Windkraftwerken zu einer Verminderung der anlegbaren Bau- und Betriebsausgaben um 46 %, eine Erhöhung von 8 m/s auf 10 m/s zu einer Erhöhung um 39 %.

Die wichtigsten und empfindlichsten Bewertungsgrößen für die Bestimmung der anlegbaren Bau- und Betriebsausgaben sind der Durchschnittswert der eingesparten Brennstoffe, der Preisanstieg für Brennstoffe, die Lebensdauer von Windkraftwerken sowie der Kalkulationszinsfuß. Die Sensitivitätsanalyse in Bild 7.8 zeigt den Einfluß dieser Größe auf den Wert von Windkraftwerken. Der Durchschnittswert der eingesparten konventionellen Kraftwerksleistung, die Unterhalts- und Betriebskosten, deren Steigerungsrate sowie die Lebensdauer der konventionellen Kraftwerke haben eine geringere Bedeutung.

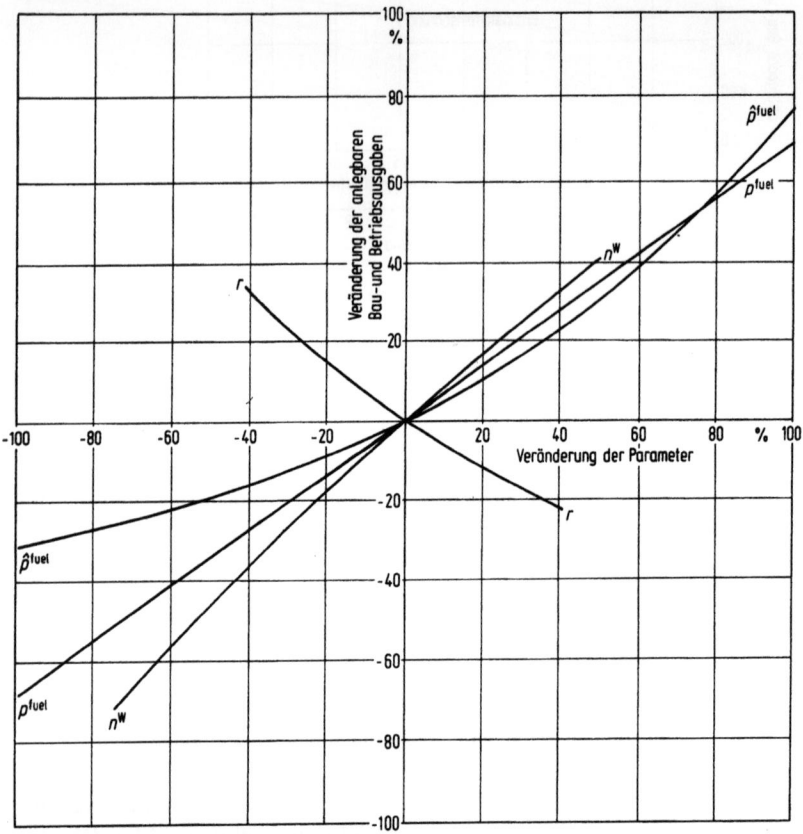

Bild 7.8. Sensitivitätsanalyse für die anlegbaren Bau- und Betriebsausgaben von zehn 300-MW-Windkraftwerken
r Kalkulationszinsfuß, n^W Lebensdauer der Windkraftwerke, p^{fuel} Durchschnittswert der eingesparten Brennstoffkosten, $\hat{p}^{fuel}$ Brennstoffkostensteigerung

Bei anlegbaren Bau- und Betriebsausgaben zwischen 5740 DM/kW und 4800 DM/kW ergeben sich jährliche Kosten (Annuität), die auf der Preisbasis von 1985 zu kompetitiven Kosten für Strom aus Windenergie von 0,195 DM/kWh$_e$ bis 0,18 DM/kWh$_e$ führen.

7.2.2 Anlegbare Bauausgaben von GROWIAN

Für den in der Bundesrepublik Deutschland geplanten Prototyp einer großen Windkraftanlage (GROWIAN) mit einem Durchmesser von 100 m und einer installierten Leistung von 3 MW (vgl. Abschnitt 2.4) ergibt die Umrechnung der Ergebnisse aus Abschnitt 7.2.1 auf der Preisbasis von 1985 folgende Werte:

— Die anlegbaren Bau- und Betriebsausgaben je GROWIAN betragen beim ersten 300-MW-Windkraftwerk 17,2 Mio. DM und sinken auf 14,4 Mio. DM bei vierzig 300-MW-Windkraftwerken. Können die ersten Windkraftanlagen an besonders windgünstigen Standorten in Norddeutschland mit Jahresdurchschnitts-Windgeschwindigkeiten in 100 m Nabenhöhe von bis zu 10 m/s installiert werden, so erhöhen sich die anlegbaren Bau- und Betriebsausgaben von 17,2 Mio. DM auf bis zu 23,9 Mio. DM.

— Betragen die jährlichen Unterhalts- und Betriebskosten 3 % der Investitionskosten bei einer Steigerungsrate von real 1,5 % pro Jahr, so entfallen von den anlegbaren Bau- und Betriebsausgaben zwei Drittel auf die Bauausgaben und ein Drittel auf den Barwert der Unterhalts- und Betriebsausgaben. Damit ist Windenergie nach rein betriebswirtschaftlichen Gesichtspunkten wirtschaftlich konkurrenzfähig, falls die reinen Investitionskosten der ersten kommerziellen Windkraftanlagen vom Typ GROWIAN unter 15,9 Mio. DM betragen und eine weitere Senkung bei Serienfertigung von 4000 GROWIAN auf unter 9,6 Mio. DM möglich ist[2].

— Die Investitions- und Wartungskosten für das erforderliche Windkraftwerksleitungsnetz zwischen den einzelnen Windkraftanlagen sowie zur Anbindung des Windkraftwerks an das Hochspannungsnetz (vgl. Abschnitt 7.1.4) müssen durch die anlegbaren Bau- und Betriebsausgaben der Windkraftwerke abgedeckt sein. Detaillierte Abschätzungen der durch den Bau von Windkraftwerken zusätzlich bedingten Leitungsnetzkosten ergeben in Preisen von 1985 etwa 320 DM_{85}/kW, also knapp 1 Mio. DM_{85} pro GROWIAN mit 3 MW installierter Leistung. Die oben genannten Bau- und Betriebsausgaben für Windkraftwerke müssen also um etwa 1 Mio. DM reduziert werden, nur der Rest kann für die eigentlichen

---

[2] Werden durch die drastischen Ölpreiserhöhungen Ende 1979 die durchschnittlich je kWh_e eingesparten Brennstoffkosten einmalig um a % erhöht (zusätzlich zu den mit 8 %/a angenommenen nominalen Brennstoffpreissteigerungen), so werden dadurch die anlegbaren Bauausgaben von GROWIAN um $0,68 \cdot a$ % erhöht, vgl. Bild 7.8

Bau- und Betriebsausgaben des Windkraftwerks (ohne Leitungssystem) aufgewendet werden, vgl. hierzu auch [70].

Die genannten anlegbaren Bauausgaben liegen nicht außerhalb der Bandbreite der Projektionen der tatsächlich zu erwartenden Baukosten. Ob und wie bald die genannten anlegbaren Bauausgaben durch technischen Fortschritt und Serienfertigung tatsächlich erreicht oder unterschritten werden können, ist nicht Gegenstand der Untersuchung, sondern muß von den beteiligten Industrien beantwortet werden.

Beim Vergleich zwischen den anlegbaren Bauausgaben und den tatsächlich zu realisierenden Investitionskosten muß berücksichtigt werden, daß zwischenzeitlich die Brennstoffkosten weit stärker gestiegen sind als mit 3,5 %/a real bei den Berechnungen angenommen[3], so daß auch etwas über den genannten anlegbaren Bauausgaben liegende Investitionskosten die Konkurrenzfähigkeit der Windenergie noch nicht beeinträchtigen würden.

Zudem erhöht sich ungeachtet der bekannten Problematik der Quantifizierung der sozialen Kosten tendenziell die Wettbewerbsfähigkeit der Windenergie bei einer Berücksichtigung der sozialen Kosten, da diese für Windenergie erheblich niedriger sein dürften, als für herkömmliche konkurrierende Energieträger.

---

3 Der Kostenanstieg für fossile Energieträger war seit 1977 viel stärker als in den Berechnungen angenommen. In realen Größen, also nach Abzug der allgemeinen Inflationsrate, stiegen zwischen 1977 und 1980 in der Bundesrepublik Deutschland die Kosten für schweres Heizöl um 12 %/a, für Rohöl um 19 %/a und für deutsche Steinkohle um 6 %/a. Diese Preiserhöhungen liegen deutlich über der für unsere Berechnungen zentralen Annahme eines realen Preisanstiegs in Höhe von 3,5 %/a, vgl. hierzu auch die Sensitivitätsanalyse in Bild 7.8

Teil III

Verwirklichung der Windenergienutzung in der Bundesrepublik Deutschland

8 Maßnahmen zur Durchsetzung von Windkraftwerken

Die in Kapitel 7 referierten Ergebnisse zeigen, daß in der Bundesrepublik Deutschland eine Umwandlung von Windenergie in elektrische Energie technisch möglich und wirtschaftlich sinnvoll ist:
— Die Windenergie hat ein ausreichend großes Potential, insbesondere für die Umwandlung von kinetischer Strömungsenergie in elektrische Energie.
— Technische Lösungen für die Umwandlung von Windenergie in Nutzenergie, insbesondere elektrische Energie, sind in den letzten Jahrzehnten mit wachsendem Erfolg erprobt worden.
— Die rein betriebswirtschaftliche Konkurrenzfähigkeit der Windenergienutzung ist in ausgewählten Küstenlagen bereits heute gegeben, in weniger günstigen Lagen wird sie bei weiter anhaltenden realen Brennstoffkostensteigerungen demnächst erreicht sein. Eine zusätzliche Berücksichtigung der höheren Sozialkosten fossiler Energieträger, vor allem aufgrund der Umweltbelastung, läßt einen gesamtwirtschaftlichen Kostenvorteil der Windenergie erwarten.

Bisher war die Bundesregierung davon ausgegangen, daß die Windenergie keinen nennenswerten Beitrag zur Energieversorgung der Bundesrepublik leisten kann; von der Windenergie wurde bis 1990 nicht einmal ein Beitrag von 1 % des Stromverbrauchs erwartet. Unter Berufung auf im Auftrag der Internationalen Energieagentur durchgeführte Untersuchungen über das technische und wirtschaftliche Potential der Windenergienutzung in der Bundesrepublik Deutschland [5] erklärte dagegen Anfang 1980 der Bundesforschungsminister, daß durch Windenergie schon in absehbarer Zeit eine Stromerzeugung in der Größenordnung der derzeitigen Stromerzeugung durch Wasserkraft möglich sei, also etwa 8 % des derzeitigen Stromverbrauchs durch Windkraftwerke gedeckt werden könnten [61, S. 25 ff.].

Doch alle diese Zahlen stehen vorläufig nur auf dem Papier. Deshalb scheint es an der Zeit, einen wachsenden Teil der Anstrengungen auf die tatsächliche Durchsetzung von Windkraftwerken zu richten: Erst wenn viele Windturbinen sich wirklich drehen und Strom ins Netz liefern, wird das öffentliche Bewußtsein für das Potential dieses Energieträgers geweckt werden, so daß ein weiterer Ausbau bis zu der oben geschilderten Größenordnung von einigen tausend Anlagen im 3-MW-Bereich ermöglicht wird.

Damit es zu dieser Entwicklung kommt, müssen in vier Bereichen erhöhte Anstrengungen unternommen werden[1]:
— im Bereich staatlicher Vorleistungen nicht nur für Forschung und Entwicklung, sondern für den Bau der ersten Serien von kommerziellen Windkraftanlagen,
— im Bereich der Einspeisungsrechte und der Tarifstruktur,
— im Bereich der Standortvorsorge und Standortsicherung,
— im Bereich der gesetzgeberischen Regelung von grundsätzlichen Rechtsfragen: Stichwort Windrechte.

8.1 Staatliche Vorleistungen

Zunächst zwei allgemeine begründende Bemerkungen:
Für die weitere wirtschaftliche Entwicklung der Bundesrepublik ist unbestrittenermaßen die Erhaltung und Steigerung der internationalen Konkurrenzfähigkeit von besonderer Bedeutung. Internationale Konkurrenzfähigkeit setzt voraus, daß die technologische Innovation und deren Transfer in den Produktionsbereich beschleunigt erfolgt. Derartige Investitionen erfordern einen hohen und langfristigen Kapitalaufwand, verursachen während des Zeitraums, der von den Einzelunternehmen als Planungshorizont angesehen wird, meistens erheblich höhere Kosten als Erträge und werden infolgedessen von den Einzelunternehmen nur sehr zögernd getätigt. Deshalb unterstützt der Staat derartige Investitionen mit direkten und indirekten Subventionen, um so die momentane Ertragslage des Unternehmens zu stärken und das Risiko von Investitionen in neue Technologien zu mindern.

Die verschiedenen Möglichkeiten zur Deckung eines gegebenen Bedarfs an Energiedienstleistungen verursachen unterschiedliche soziale Kosten. Der Staat kann Sozialkostenvorteile bestimmter Technolo-

---

1 Zu den folgenden Überlegungen siehe auch [63] und [67]

gien gegenüber anderen für den Markt durch entsprechende Abstufung der Zuschüsse erkennbar machen. Technologien mit geringen sozialen Kosten werden stärker vom Staat begünstigt als Technologien mit hohen sozialen Kosten.

Aus der ersten Überlegung folgt, daß Staatszuschüsse für den Bau von Windkraftwerken mit den gleichen Gründen zu rechtfertigen sind wie für Kernenergie, Wirbelschichtverbrennung in Kohlekraftwerken, Kohlevergasung etc.. Die Zuschüsse sollten in Abhängigkeit von der wirtschaftlichen Konkurrenzfähigkeit der Windenergie sowie der Zahl der gebauten Windkraftwerke unter Berücksichtigung der erheblich geringeren sozialen Kosten der Windenergie gewährt werden. Mit weiterem Ausbau der Windenergieerzeugung könnten die staatlichen Mittel in steigendem Maße durch private Investitionsmittel ersetzt werden. Die Abschreibungsmöglichkeiten für Windkraftwerke könnten in Anlehnung an die Abschreibungsmöglichkeiten für Umweltschutzinvestitionen gehandhabt werden[2].

Zentrale Zielsetzung der staatlichen Förderungsmaßnahmen sollte der beschleunigte Bau von Windkraftanlagen-Prototypen sein. Der Bau von zwei Prototypen für sehr große Windkraftanlagen ist bereits beschlossen, nämlich für eine Anlage mit 100 m Durchmesser und 3 MW installierter Leistung (GROWIAN) sowie eine Anlage mit 145 m Durchmesser und 5 MW installierter Leistung (GROWIAN II). Wegen der mittlerweile bereits eingetretenen Verzögerungen bei der Entwicklung und dem Bau dieser Prototypen und des dadurch gegenüber der ausländischen Konkurrenz verlorenen Terrains muß alles unternommen werden, um eine Beschleunigung und Erweiterung der Bauprogramme zu erreichen.

Neben dem Bau von Prototypen für sehr große Windkraftanlagen kommt es darauf an, beschleunigt in kleinen Serien Windkraftanlagen mit 40 m bis 50 m Rotordurchmesser zu bauen, die weitestgehend in Modulbauweise aus heute auf dem Markt kaufbaren Bauteilen fertigbaubar sein sollten. Diese Anlagen sind zur Demonstration der Windenergienutzung sowie zur Untersuchung und Lösung von Integrationsproblemen unbedingt erforderlich und sind darüber hinaus für Exportzwecke sehr gut geeignet. Sollte die deutsche Industrie nicht willens oder nicht in der Lage sein, derartige mittelgroße Anla-

---

2 Gemäß § 7d EStG (Einkommensteuergesetz) können für Investitionen, die wesentlich dem Umweltschutz dienen, 60 % im ersten Jahr und in den folgenden vier Jahren je 10 % abgeschrieben werden. Zu entsprechenden Gesetzesinitiativen der schleswig-holsteinischen Landesregierung siehe [61, S. 6 ff.]

gen in absehbarer Zeit zu entwickeln und zu bauen, wäre ein sehr erfolgversprechender Exportmarkt für die deutsche Industrie verloren.

Tabelle 8.1 zeigt in Analogie zu dem vom amerikanischen Kongreß für die USA mittlerweile beschlossenen staatlichen Ausbauprogramm[3] die für die Bundesrepublik Deutschland anzustrebende Weiterentwicklung der Windenergienutzung. Die Finanzierung der Maßnahmen (1) und (2) muß zu einem nicht unwesentlichen Teil mittels Zuschüssen und Bundesbürgschaften erfolgen. Nach der in größerem Maßstab nachgewiesenen Wirtschaftlichkeit können die Maßnahmen (3) und (4) Zug um Zug durch private Investoren, vor allen Dingen die Energieversorgungsunternehmen, alleine finanziert werden.

Tabelle 8.1. Anzustrebende Weiterentwicklung der Windenergienutzung

(1) Weitere Grundlagenforschung, Entwicklung neuartiger Windkraftanlagentypen, Serienbau von Windkraftanlagen herkömmlicher Technik mit etwa 50 m Rotordurchmesser und etwa 500 kW installierter Leistung;
Zeitraum: 1982 bis 1987, Kosten: über 0,2 Mrd. DM

(2) Bau von mehreren Demonstrationswindkraftwerken mit installierten Leistungen von 50 MW und mehr, ggf. auch Bau im Ausland für Exportzwecke;
Zeitraum: 1985 bis 1990, Kosten: über 0,5 Mrd. DM

(3) Bau eines standardisierten Windkraftwerks mit einer installierten Leistung von 300 MW bis 500 MW entsprechend den standardisierten Blöcken bei thermischen Kraftwerken;
Zeitraum: ab 1987, Kosten: mehr als 1 Mrd. DM

(4) Bau von wenigstens 1 bis 2 Standardwindkraftwerken/Jahr mit installierten Leistungen zwischen je etwa 300 MW bis 500 MW und je etwa 100 Türmen;
Zeitraum: ab 1989, Kosten: mehr als 3 Mrd. DM/Jahr

---

[3] Das verabschiedete Gesetz sieht vor, daß der beschleunigte Bau von Windkraftwerken sowie deren Markteinführung in den nächsten fünf Jahren mit Hilfe von fast 1 Mrd. Dollar Staatsgeldern und weiteren privaten Investitionsmitteln vorangetrieben werden soll, siehe [68]. Zu den Windenergieforschungsprogrammen im Ausland, vor allen Dingen in den USA und Schweden, siehe die im Literaturverzeichnis angegebenen Tagungsberichte. Zu relativ ambitionierten Planungen für die USA siehe [69, S. 208 und S. 276 ff.]. Die dort genannten Kostenangaben von ca. 500 $_{77}$/kW erscheinen als sehr optimistisch

8.2 Tarifstruktur und Einspeisungsrechte

In der Elektrizitätswirtschaft hat die staatlich sanktionierte Festschreibung von Regionalmonopolen und die herrschende Tarifstruktur — wie vielfach bemerkt wurde — zu einer nichtoptimalen Allokation der Energieressourcen geführt: Anbieter zusätzlicher, volkswirtschaftlich erwünschter Energie werden dadurch teilweise vom Markt ferngehalten. Darauf wird unter anderem auch im Hauptgutachten der Monopolkommission hingewiesen [56, S. 299 ff.]. Für eine marktwirtschaftliche Ordnung läßt sich leicht zeigen [70], daß für einen optimalen Einsatz der zur Verfügung stehenden Ressourcen der Grenzpreis für Strom gleich den (langfristigen) Grenzproduktionskosten sein muß, die durch die Investitions-, Betriebs- und Brennstoffkosten eines neu installierten Kraftwerks unter Berücksichtigung von zusätzlich abzuschließenden Brennstofflieferverträgen gegeben sind. Die heute gültigen Grenzpreise für Strom, die auf einem degressiven Tarif (Grundpreis plus Leistungspreis) basieren, liegen bei allen relevanten Verbrauchergruppen unterhalb dieser Grenzproduktionskosten [71]. Damit werden Ressourcen verschwendet und Güter angeboten, deren Grenzproduktionskosten die Konsumenten nicht zu zahlen bereit sind; eines der zentralen marktwirtschaftlichen Prinzipien wird so verletzt.

Für einen nennenswerten Beitrag der Windenergie zur Deckung der Stromnachfrage ist eine der wesentlichen Voraussetzungen die Beachtung der in der Bundesrepublik Deutschland allgemein geforderten marktwirtschaftlichen Prinzipien auch in der Energieversorgung. Daraus folgt insbesondere ein am Grenzkostenprinzip orientierter Preis für Strom aus Windenergie sowie jederzeitige Einspeisungsmöglichkeit dieses Stroms in das öffentliche Stromnetz.

In einer kürzlich getroffenen Vereinbarung zwischen der öffentlichen Elektrizitätsversorgung einerseits und der industriellen Kraftwirtschaft andererseits [72] wird festgelegt, daß Strom aus regenerativen Energiequellen, also auch aus Windenergie, in das öffentliche Stromnetz eingespeist werden kann. Darüber hinaus wird bestimmt, daß für unregelmäßig anfallende Stromlieferungen (Überschußstrom ohne feste Lieferverpflichtung des Einspeisers) eine Vergütung zu zahlen ist, die sich an den vermiedenen beweglichen Kosten der Stromerzeugung in der öffentlichen Elektrizitätsversorgung orientiert. Dabei bleibt unklar, ob unter vermiedenen beweglichen Kosten die kurzfristigen Grenzkosten (Einsparung durch Zurückfahren eines Kraftwerks) oder die langfristigen Grenzkosten (Neubau eines Kraftwerks) zugrunde liegen sollen. Die genannten Referenzpreise von 2,2 Pfennig/kWh$_e$ bis 4,5 Pfennig/kWh$_e$, je nach Tages- und Jahreszeit, stellen jedenfalls keine Vergütung entsprechend den langfristigen Grenzkosten dar, wie es eine optimale Allokation der Energieressourcen in einem marktwirtschaftlichen System erfordern würde. Zudem fehlen Konkretisierungen der Vereinbarung, so daß im Einzelfall die Anbieter regenerativer Energie, die keine wirtschaftliche und politische Macht haben, trotz der getroffenen Vereinbarung weiterhin auf das wohlwollende Verständnis der Stromversorgungsmonopole angewiesen sind.

Im Gegensatz zur Bundesrepublik Deutschland besteht seit 1978 in den Vereinigten Staaten ein Gesetz, das die durch die marktwirtschaftliche Ordnung gegebenen Anforderungen im Energiebereich voll erfüllt. Danach kann elektrische Energie, deren Erzeugung auf natürlichen und wiedergewinnbaren Ressourcen wie Wind, Sonne, Biogas etc. beruht, jederzeit in das öffentliche Netz eingespeist werden. Dabei wird sichergestellt, daß für den aus regenerativen Energiequellen erzeugten Strom ein Preis gezahlt wird, der sich an den langfristigen Grenzkosten der Stromerzeugung orientiert[4]. Entsprechende Regelungen müssen auch in der Bundesrepublik Deutschland — sei es durch Präzisierung bestehender freiwilliger Vereinbarungen [72], sei es durch gesetzgeberische Maßnahmen — durchgesetzt werden.

Gemäß der 1977 im Auftrag der Bundesregierung mit wohlwollender Unterstützung der deutschen Energieversorgungsunternehmen durchgeführten „Parameterstudie" zur Ermittlung der Stromerzeugungskosten" [2] werden die variablen (gesamten) Kosten der Stromerzeugung aus neu installierten Kraftwerken[5] 1985 für Kernkraftwerke bei 8 (16) Pfennig/kWh$_e$, für Kohlekraftwerke — Importkohle — bei 10,5 (15,5) Pfennig/kWh$_e$, für Kohlekraftwerke — deutsche Kohle — bei 14 (18) Pfennig/kWh$_e$ liegen [5, S. 7]. Die variablen Kosten für Öl- und Gaskraftwerke liegen in der Größenordnung der deutschen Steinkohle. Die 1979/1980 erfolgte Verdoppelung der Rohölpreise konnte von den in der zugrunde gelegten Kostenstudie angenommenen nominalen Brennstoffkostensteigerungen von etwa

---

4 Zu den entsprechenden Gesetzen und Verordnungen siehe [73—75]. Die gleichen Regelungen gelten für Überschuß-Industriestrom aus Kraft-Wärme-Koppelung. Zudem ist festgelegt, daß die Energieversorgungsunternehmen jederzeit Stromdurchleitungsrechte gewähren müssen

5 Benutzungsdauer 5000 h/a, bei Kernkraftwerken wurden für Wiederaufbereitung und Endlagerung zusätzlich 2 Pfennig/kWh$_e$ angenommen

8 %/a nicht berücksichtigt werden; dieser Preissprung wird wegen der grundsätzlichen Austauschbarkeit der Brennstoffe bei der Stromerzeugung zu einer nicht unerheblichen Erhöhung aller oben genannten Grenzproduktionskosten führen. Bei einem weiteren Zubau von konventionellen Kraftwerken sind die besonderen Charakteristiken regenerativer Energieträger mitzuberücksichtigen. Insbesondere ist auf eine gute Regelbarkeit der neuen konventionellen Kraftwerke zu achten, da sonst relativ unregelmäßige regenerative Energieträger wie Wind- oder Sonnenkraftwerke oder auch wieder in Betrieb genommene kleine Wasserkraftwerke sehr hohe Regelverluste verursachen, dadurch die bewirkte Energieeinsparung relativ gering wäre und deshalb für diese Energieträger nur ein geringer Preis bezahlt werden könnte. Haben die konventionellen Kraftwerke zudem relativ geringe fixe Kosten und relativ hohe variable Kosten, so bilden sie eine sehr gute Ergänzung zu den oben erwähnten regenerativen Energieträgern, die sehr hohe Fixkosten und praktisch keine variablen Kosten aufweisen. Zwar mag ein Zubau derartiger konventioneller Kraftwerke im Einzelvergleich mit den derzeit neugebauten großen thermischen Kraftwerksblöcken etwas kostenungünstiger sein, zusammen mit den geplanten Windkraftwerken können sie jedoch zu einem erheblich kostengünstigeren Energieversorgungssystem führen.

8.3 Standortvorsorge

Die für den Bau einer größeren Anzahl von Windkraftwerken benötigten Flächen müssen charakterisiert und möglichst als Windkraftwerkstandorte ausgewiesen werden[6]. Dabei sind unter anderem folgende Aufgaben zu lösen:
— In Regionen mit für die Windenergienutzung günstigen Windverhältnissen sollen die tatsächlich für die Windenergienutzung verwendbaren Flächen bestimmt werden.
— Für die Auswahl dieser Flächen sind Positiv- und Negativkriterien aus allgemeinen Zielsetzungen zu entwickeln und auf das Zielgebiet anzuwenden. Die tatsächlich zur Anwendung gekommenen

---

6 Die folgenden Ausführungen sind eng angelehnt an Voruntersuchungen der Forschungsgesellschaft für Alternative Technologien und Wirtschaftsanalysen ATW-GmbH, Regensburg, zum Problem der Standortvorsorge mit dem Arbeitstitel „Standortkriterien für die Errichtung von Windkraftwerken, ihre Anwendung auf das norddeutsche Küstengebiet im Grobraster sowie Ausweisung optimaler Standorte für die Windkraftwerke im Feinraster"

Positiv- und Negativkriterien sowie deren Gewichtung sind anzugeben.
— Innerhalb der ausgewählten Flächen kann das technische und wirtschaftliche Potential der Windenergie erneut verfeinert abgeschätzt werden.
— Bei der weiteren Abstufung der nutzbaren Flächen sind Kostenfaktoren wie Baugrundbeschaffenheit und herrschende Grundstückspreise mitzuberücksichtigen.

Bei der Bestimmung von optimalen Windkraftwerkstandorten sind also die spezifischen meteorologischen, technischen und elektrizitätswirtschaftlichen Gesichtspunkte der Windenergie mit raumordnerischen Zielen bezüglich der Infrastruktur, der regionalen Wirtschaftsstruktur, der Siedlungsstruktur und Umweltqualität abzustimmen. Solche Untersuchungen müssen in enger Zusammenarbeit von Bund, küstennahen Bundesländern, Regional- und Kommunalbehörden, Elektrizitätsversorgungsunternehmen und den Trägern von Forschung und Entwicklung von Windkraftwerken durchgeführt werden. Als Ergebnis könnte ein Standortsicherungsverfahren entstehen, das Zug um Zug den Ausbau des nutzbaren Potentials der Windenergie tatsächlich erst ermöglichen würde.

8.4 Rechtsfragen

In enger Verbindung mit der Standortvorsorge und der Standortwahl stehen eine Zahl von rechtlichen Fragen, die — bisher kaum beachtet — in Zukunft wesentliche Bedeutung beim Bau von Windkraftwerken gewinnen werden [76—79]. Der Bereich der anstehenden Probleme läßt sich in Analogie zu entsprechenden Rechtsproblemen der Sonnenenergie grob in folgende Teilbereiche aufspalten:
— bau- und genehmigungsrechtliche Fragen, worunter auch Fragen der Haftung für Beeinträchtigungen durch Windkraftanlagen sowie Belange des Umweltrechts zu subsumieren sind und
— Fragen der Gewährleistung und Sicherung von Windrechten.

Windenergieanlagen müssen baurechtlich definiert werden; insbesondere ist zu prüfen, in welchem Umfang die bestehenden Bauordnungen ohne Änderung die Genehmigung solcher Anlagen ermöglichen. Kriterien zur Beurteilung der technischen Sicherheit sind zu entwickeln, Sicherheitsabstände für die verschiedenen anderen Flächennutzungen sind festzulegen. Eine Abstimmung mit Belangen des Umweltschutzes, also etwa Landschaftsschutz, Lärmschutz, Vogelschutz muß erfolgen. Mögliche Beeinträchtigungen von Fernseh- und Rundfunkempfang bedürfen einer rechtlichen Klärung.

Die Sicherung von Windrechten unterliegt schon deshalb ziemlicher Unsicherheit, weil die Reichweite sogenannter Abschattungseffekte von Windkraftwerken bisher nicht genau bekannt ist. Hinsichtlich der gegenseitigen Beeinträchtigung werden sich zweckmäßigerweise benachbarte Betreiber schon auf der Stufe der Standortvorsorge einigen müssen. Doch auch größerflächige Aufforstungen oder der Bau neuer größerer Siedlungen kann durch Erhöhung der Bodenrauhigkeit über beträchtliche Entfernungen die Windenergieausbeute verringern. Für diese und ähnliche Probleme müssen rechtliche Regelungen gefunden werden. Bemerkenswert ist immerhin, daß bereits das Preußische Allgemeine Landrecht von 1794 einen Schutz von Windrechten gewährte: wo Windmühlen durch Bäume beeinträchtigt wurden, hatte der Eigentümer einen Anspruch auf Beschneidung oder Beseitigung [76].

8.5 Ausblick

Die wesentlichen technischen, rechtlichen und wirtschaftlichen Grundsatzfragen der Windenergienutzung finden bei ständig steigenden realen Brennstoffpreisen mehr und mehr eine positive Antwort. Es steht zu erwarten, daß die für die bisherige Entwicklung der Technik so förderliche unternehmerische Initiative in zunehmendem Maße auch im Bereich neuer Energietechniken die Vorleistungen von Wissenschaft und Staat aufgreift und die in der Bundesrepublik gegebenen Möglichkeiten der Windenergienutzung zur Stromerzeugung verwirklicht.

9 Literaturverzeichnis

9.1 Zitierte Literatur

1. Die künftige Entwicklung der Energienachfrage in der Bundesrepublik Deutschland und deren Deckung, Perspektiven bis zum Jahr 2000. DIW, EWI, RWI. Essen: Verlag Glückauf 1978
2. Schmitt D., u. a.: Parameterstudie zur Ermittlung der Stromerzeugungskosten. Energiewirtschaftliches Institut der Universität Köln und Forschungsstelle für Energiewirtschaft, München, Sept. 1977
3. Antwort der Bundesregierung auf die kleine Anfrage der Abgeordneten Kern, u. a. betreff neue Primärenergiequellen, Drucksache VII/5313 vom 4.6.76. In: Verhandlungen des Deutschen Bundestages, 7. Wahlperiode 1976, Bd. 222, Drucksache VII/5221 bis 5380
4. Timm, M.: Wirtschaftliche Windenergienutzung im Verbund mit herkömmlichen Kraftwerken. In: Seminar und Statusreport Windenergie. Jülich, Okt. 1978. Projektleitung Energieforschung an der KFA Jülich 1978
5. Jarass, L.; Hoffmann, L.; Jarass, A.; Obermair, G.: Windenergie: Eine systemanalytische Bewertung des technischen und wirtschaftlichen Potentials für die Stromerzeugung der Bundesrepublik Deutschland. Durchgeführt im Auftrag der Internationalen Energieagentur. Berlin, Heidelberg, New York: Springer 1980
Eine völlig überarbeitete englische Fassung ist Anfang 1981 im gleichen Verlag unter dem Titel „Wind Energy: An Assessment of the Technical and Economic Potential. A Case Study for the Federal Republic of Germany, commissioned by the International Energy Agency" erschienen
6. Nissen, H. H.; Former, W.: Die Wirtschaftlichkeit der Stromerzeugung aus Windenergie. Energiewirtschaftliche Tagesfragen, März 1979
7. Zur friedlichen Nutzung der Kernenergie, Dokumentation der Bundesregierung. Reihe: Berichte und Dokumentationen, 2. Aufl., herausgegeben vom BMFT 1978
8. Duensing, G., u. a.: Die Windverhältnisse in der Bundesrepublik Deutschland im Hinblick auf die Nutzung der Windkraft, Teil 2: Küstenvorfeld. Seewetteramt Hamburg, Juli 1978. Veröffentlicht in: Berichte des Deutschen Wetterdienstes Nr. 147. Offenbach: Selbstverlag des Deutschen Wetterdienstes 1978
9. Benesch, W., u. a.: Die Windverhältnisse in der Bundesrepublik Deutschland im Hinblick auf die Nutzung der Windkraft, Teil 1: Binnenland. Deutscher Wetterdienst — Zentralamt, Juni 1978. Veröffentlicht in: Berichte des Deutschen Wetterdienstes Nr. 147. Offenbach: Selbstverlag des Deutschen Wetterdienstes 1978
10. Manier, G.: Die Häufigkeitsverteilung der Windgeschwindigkeit in Abhängigkeit von Höhe, Mittelbildungszeit und thermischer Schichtung. Inst. f. Meteorologie der TH Darmstadt. Arch. Meteorol. Geophys. Bioklimatol., Ser. A, Wien, (1968) 172—185

11. Energiequellen für morgen? Nichtnukleare-nichtfossile Primärenergiequellen, Teil III: Nutzung der Windenergie. Programmstudie, durchgeführt im Auftrag des BMFT. Frankfurt/Main: Umschau-Verlag 1976
12. Vindenergi i Sverige. Resultatrapport Nämnden för Energiproduktionsforskning, Stockholm, June 1977
13. Crafoord, C.: An Estimate of the Interaction of a Limited Area of Wind Mills. Dep. of Meteorology, University of Stockholm 1975
14. Templin, R. J.: An Estimate of Interaction of Wind Mills in Widespread Areas. Tech. Rep. LTR-A-171, 1974
15. Newman, P. G.: Spacing of Wind Turbines in Large Areas. McGill University, Montreal. Energy Convers. 16, No. 4, (1977) 169—171
16. Hütter, U.: Möglichkeiten und Aussichten der Windenergienutzung. In: Energie vom Wind. Tagungsber. Bremen, Juni 1977. Dtsch. Ges. f. Sonnenenergie 1977
17. Garate, J. A.: Wind Energy Mission Analysis, Final Report and Appendices A—J. General Electric Company, Philadelphia, Pennsylvania. Erhältlich bei NTIS, Springfield, VA. 22161, Febr. 1977
18. Betz, A.: Windenergie und ihre Ausnutzung durch Windmühlen. In: Aus Naturwissenschaft und Technik, Heft 2. Göttingen: Vandenhoeck & Ruprecht 1926
19. Golding, E. W.: The Generation of Electricity by Wind Power. London: Spon Ltd. 1955
20. Hütter, U.: Windkraftmaschinen. In: Hütte, Des Ingenieurs Taschenbuch, Bd. IIa, S. 1030—1044. Berlin: Ernst & Sohn 1954
21. Hütter, U.: Windkraft in Stichworten. Beitrag zum Lueger Lexikon der Technik, Bd. 6/7: Energietechnik und Kraftmaschinen, DVA Stuttgart 1965
22. Meyer, G. W.: Windkraft. Leipzig: Fachbuch Verlag 1954
23. Molly, J.-P.: Windenergie in Theorie und Praxis, KWK Aktuell, Band 18. Karlsruhe: Müller 1978
24. Putnam, P. C.: Power from the Wind. New York: Van Nostrand 1948
25. Fricke, J.: Windmühlen. Phys. Unserer Zeit. 7, Nr. 6 (1976) 129 ff.
26. Wilson, R. E., u. a.: Aerodynamic Performance of Wind Turbines. Oregon State University, June 1976
27. Third Wind Energy Workshop. Workshop Proc. Washington, Sept. 1977. Dep. of Energy 1977. Erhältlich bei NTIS, Springfield, Va.
28. Vadot, L.: A Synoptic Study of the Different Types of Wind Mills. Houille Blanche, No. 2 (1957) 204 ff.
29. Vargo, D. J.: Wind Energy Developments in the 20th Century. Lewis Research Center, Cleveland, Ohio 44135, NASA TMX—71634, NASA technical memorandum 1974
30. Oman, R. A., u. a.: A Progress Report on the Diffuser Augmented Wind Turbine. Fluid Dynamic Laboratory, Grumman Aerospace Corporation. In: [27], S. 819 ff.
31. Lacroix, G.: L' Énergie du Vent. Techn. Mod. (März 1949) 77 ff. und (April 1949) 105 ff.
32. Gimpel, G.: The Wind Mill Today. Engineering 185 (May 1958) 680 ff.
33. Kleinhenz, F.: Die Ausnutzung der Windenergie durch Höhenwindkraftwerke. Technik 2/12 (Dez. 1947)
34. Honnef, H.: Windkraftwerke. Braunschweig: Vieweg 1932
35. Torrey, V.: Wind-Catchers, American Wind Mills of Yesterday and Tomorrow. Vermont, Prattleboro: Stephen Green Press, Nov. 1976
36. Savino, J. M.: A Brief Summary of the Attempt to Develop Large Wind Electric Generating Systems in the U. S.. Lewis Research Center, Cleveland, Ohio 44135,

NASA TMX—71605. In: Advanced Wind Energy Systems. Workshop Proc., Stockholm, Aug. 1974. STU Vattenfall, STU Investigation No. 52, 1976
37. Brulle, R. V.: Giromill Wind Tunnel Test and Analysis. In: [27], S. 775 ff.
38. Simonds, M. H.; Bodek, A.: Performance Test of a Savonius Rotor. Brace Res. Inst., Macdonald College of McGill University, Ste. Anne de Bellevue, Quebec, Canada, Tech. Rep. No. T 10, Jan. 1964
39. Eldridge, F. R.: Proc. of the 2nd Workshop on Wind Energy Conversion Systems. Washington, June 1975. Dep. of Energy 1975. Erhältlich bei NTIS, Springfield, Va.
40. Yen, J. T.: Tornado-Type Wind Energy System. Res. Dep., Grumman Aerospace Corporation, Bethpage, N. Y. 11714. In: IECEC'75 Record, S. 987 ff., 1975
41. Jarass, L.: Stromerzeugung aus Windkraft: Ein alter Traum kann Wirklichkeit werden. In: Energiewirtschaftliche Tagesfragen, Heft 6 (Juni 1978) 357 ff.
42. Energiequellen für morgen? Nichtnukleare — nichtfossile Primärenergiequellen, Teil VI: Nutzung der Wasserenergien, 2. Hydraulische Pumpspeicher. Programmstudie, durchgeführt im Auftrag des BMFT. Frankfurt/Main: Umschau-Verlag 1976
43. Herbst, H. Chr.: Die Luftspeichergasturbine — eine neue Möglichkeit der Spitzenstromerzeugung. VDI Ber. Nr. 223 (1974) 73 ff.
44. Hartmann, E.: Strom aus gespeicherter Luft. In: RWE-Verbund, Heft 83 (Aug. 1973) 91 ff.
45. Zaug, P.: Luftspeicherkraftwerke. Brown Boveri Mitt. 7/8 (1975) 338 ff.
46. Eldridge, F. R.: Wind Energy Conversion Systems Using Compressed Air Storage. The Mitre Corporation, Bericht No. M 76—39, July 1976
47. Hartmann, E.: Luftspeichergasturbinen-Kraftwerke vor der Realisierung, Übersicht: Technische und wirtschaftliche Vor- und Nachteile. In: Kongreßbericht A.I.M., Liège (Lüttich) 1974
48. Energiequellen für morgen? Nichtnukleare — nichtfossile Primärenergiequellen, Teil II: Nutzung der solaren Strahlungsenergie. Programmstudie, durchgeführt im Auftrag des BMFT. Frankfurt/Main: Umschau-Verlag 1976
49. Auf dem Wege zu neuen Energiesystemen, Teil V: Fernwärme und ausgewählte Speichersysteme. Programmstudie, durchgeführt im Auftrag des BMFT, herausgegeben vom BMFT, Bonn 1975
50. Energie aus vier Himmelsrichtungen. Varta-Report 1/77, Varta Batterie AG, Hagen, Januar 1977
51. Einsatzmöglichkeiten neuer Energiesysteme, Teil III: Wasserstoff. Programmstudie „Sekundärenergiesysteme", durchgeführt im Auftrag des BMFT, herausgegeben vom BMFT, Bonn 1975
52. Auf dem Wege zu neuen Energiesystemen, Teil III: Wasserstoff und andere nichtfossile Energieträger. Programmstudie, durchgeführt im Auftrag des BMFT, herausgegeben vom BMFT, Bonn 1975
53. Bontius, G. A., u. a.: Implications of Large Scale Introduction of Power from Large Scale Wind Energy Conversion Systems into the Existing Electric Power Supply in the Netherlands. In: Workshop Proc. Amsterdam, Oct. 1978; BHRA — Fluid Engineering, Cranfield, England
54. Fisz, M.: Wahrscheinlichkeitsrechnung und mathematische Statistik. Berlin: VEB Deutscher Verlag der Wissenschaften 1973
55. Jarass, L.: Garantierte Leistung (Kapazitätseffekt) und Gesamtleistung als Bestimmungsgrößen der Energieproduktion eines Windkraftwerks. In: Tagungsberichte des 2. Internationalen Sonnenforums, 12.—14. Juli 1978 in Hamburg, Bd. III, S. 389 ff., herausgegeben von der Dtsch. Ges. für Sonnenenergie, München 1978

56. Mehr Wettbewerb ist möglich: Hauptgutachten 1973/1975. 2. Aufl.. Baden-Baden: Nomos Verlagsges. 1977
57. Schneider, H. K.; Schulz, W.: Die optimale Nutzung erschöpfbarer Energieressourcen. In: Schriften des Vereins für Sozialpolitik, Neue Folge, Bd. 91, Ökonomische Probleme der Umweltschutzpolitik. Dunker & Humblot 1976
58. Lovins, A. B.: Soft Energy Paths. Toward a Durable Peace. Harmondsworth: Penguin Books 1977
59. Commoner, B.: Energieeinsatz und Wirtschaftskrise. rororo aktuell 4193, 1977
60. Aesthetic Factors and Visual Effects of Large-Scale WECS. Edited by Staffan Engström and Bengt Pershagen, National Swedish Board for Energy Source Development (ne 1980 : 20), Final Report of Task A5, Program of Research and Development on Wind Energy Systems, International Energy Agency 1980
61. Energiediskussion, Informationen — Argumente — Meinungen. 1/2—1980, herausgegeben vom Bundesminister für Forschung und Technologie, Referat: Presse- und Öffentlichkeitsarbeit, Februar 1980
62. Jarass, L.: Technical and Economic Potential of Large-Scale Wind Power Conversion into Electric Power. In: Exchange of National Experience in the Field of New Energy Sources — in Particular Solar, Wind, and Geothermal Energy, Seminar on Technologies Related to New Energy Sources, United Nations, Economic Commission of Europe, Dec. 1980
63. Obermair, G.; Hoffmann, L.; Jarass A.; Jarass, L.: Potential, Wirtschaftlichkeit und Marktdurchsetzung von Windkraftwerken. In: Tagungsberichte des 3. Internationalen Sonnenforums, Hamburg, Juni 1980, VDI-Verlag 1980
64. Dub, W.; Pape, H.: Comparative Study of the Possibilities of Integrating Wind Power into National Electricity Supply Systems of Selected Countries — Part II: The Netherlands, commissioned by the International Energy Agency (IEA), Universität Regensburg 1981
65. Rath-Nagel, St.: Diskussion Windenergie: Ein Vergleich der Abschätzung des wirtschaftlichen Potentials der Windenergienutzung (zentrale Erzeugung) für die Bundesrepublik Deutschland in Untersuchungen von Jülich und Regensburg. Diskussionspapier der KFA Jülich, Okt. 1980
66. Hoffmann, L.; Jarass, L.; Obermair, G.; Rath-Nagel, St.: Vergleich der Abschätzung des wirtschaftlichen Potentials der Windenergienutzung (zentrale Erzeugung) für die Bundesrepublik Deutschland in Untersuchungen von Jülich (MARKAL) und Regensburg (Jarass et. al.). Gemeinsame Erklärung der KFA Jülich und der Universität Regensburg, Jan. 1981
67. Jarass, L.; Obermair, G.: Windenergie — Potential und Wirtschaftlichkeit. Untersuchung im Auftrag der Internationalen Energieagentur für die Bundesrepublik Deutschland. In: Energiewirtschaftliche Tagesfragen, Heft 9, 672 ff., 1980
68. Wind Energy Systems Research, Development and Demonstration Act of 1979, H. R. 5892, revision of H. R. 3558, 96th Congress, 1st Session, Senat of the United States, Dec. 6, 1979
69. Inglis, David Rittenhouse: Wind Power and Other Energy Options. The University of Michigan Press, Ann Arbor 1978
70. Finsinger, J.: Grundsätze der Tarifgestaltung: Ein Beitrag zur aktuellen Diskussion des degressiven Stromtarifs. Zeitschrift für Energiewirtsch. 3 (1979) 188 ff.
71. Luther, G., u. a.: Stromtarife — Anreize zur Energieverschwendung? Karlsruhe: C. F. Müller 1979
72. Grundsätze über die Intensivierung der stromwirtschaftlichen Zusammenarbeit zwischen öffentlicher Elektrizitätsversorgung und industrieller Kraftwirtschaft, energiepolitische Einigungserklärung von Vereinigung Deutscher Elektrizitätswer-

ke (VDEW), Bundesverband der Deutschen Industrie (BDI) und Vereinigung Industrielle Kraftwirtschaft (VIK) vom 1. 8. 1979, VIK-Mitteilungen 4/1979
73. Public Utility Regulatory Policies Act of 1978, Public Law 95—617, Nov. 9, 1978, Sec. 210. Cogeneration and Small Power Production
74. Proposed Regulations Providing for Qualification of Small Power Production and Cogeneration Facilities under Section 201 of the Public Utility Regulatory Policies Act of 1978, 18 CFR Part 292, Docket No. RM 79—54, Federal Register/Vol. 44, No. 129/Tuesday July 3, 1979
75. Staff Paper Discussing Commission Responsibilities to Establish Rules Regarding Rates and Exemptions for Qualifying Cogeneration and Small Power Production Facilities Pursuant to Section 210 of the Public Regulatory Policies Act of 1978, 18 CFR Part 292, Docket No. RM 79—55, Federal Register/Vol. 44, No. 129/Tuesday, July 3, 1979
76. Jarass, H. D.: Rechtsprobleme der Sonnenenergie. Juristenzeitung 4, Februar 1980, 119—125. Tübingen: Mohr
77. Taubenfeld, R. F.; Taubenfeld, H. J.: Barriers to the Use of Wind Energy Machines. The Present Legal/Regulatory Regime and a Preliminary Assessment of Some Legal/Political/Societal Problems, National Science Foundation, PB-263 576, July 1976
78. Hueber, A.: Recht und Sonnenenergie. In: Informationswerk Sonnenenergie. München: Pfreiner-Verlag 1978
79. Schurimann, M.; Mell, W.: Das Recht der Sonnen- und Windenergienutzung. 1979

9.2 Tagungsberichte und Länderuntersuchungen

Coty, U. A.: Wind Energy Mission Analysis. Lockheed, Burbank, Cal.. Dep. of Energy, Sept. 1976 (Available from NTIS, Springfield, Va.)
Wind Energy Mission Analysis. General Electric Company, Philadelphia, Penn., Febr. 1977 (Available from NTIS, Springfield, Va.)
Marsh, W. D.: Requirements Assessment of Wind Power Plants in Electric Utility Systems. General Electric Company. Prepared for Electric Power Res. Inst., Palo Alto, Cal., EPRI ER 978, Vol. 1, 2, 3, Jan. 1979
South, P.; Rangi, R. S.; Templin, R. J.: Applications of Wind Turbines in Canada. Presented at the 10th World Energy Conf., Istanbul, Sept. 1977
Wind Power in the Electricity Supply System of Denmark. ATV—Working Group. Danish Academy of Technical Sciences 1978
Vindenergi i Sverige. Resultatrapport June 1977. Nämnden för Energiproduktionsforskning, Stockholm 1977
The Prospects for the Generation of Electricity from Wind Energy in the United Kingdom. Prepared for the Dep. of Energy by J. Allen and R. A. Bird, Energy Technology Support Unit, Harwell. Dep. of Energy, Energy Paper No. 21, 1977
Wind and Solar Energy. Proc. of the New Delhi Symp., Oct. 1954. New York: UNESCO 1956
New Sources of Energy Proc. of the Conf., Vol. 7, Wind Power. Rome, Aug. 1961. New York: UNO 1964
Wind Energy Conversion Systems. Workshop Proc., Washington, June 1973. Dep. of Energy 1973 (Available from NTIS, Springfield, Va.)
Wind Workshop 2. Workshop Proc., Washington, June 1975. Dep. of Energy 1975 (Available from NTIS, Springfield, Va.)

3rd Wind Energy Workshop. Workshop Proc., Washington, Sept. 1977. Dep. of Energy 1977 (Available from NTIS, Springfield, Va.)
4th Wind Energy Workshop. Workshop Proc., Washington, Oct. 1979. Dep. of Energy 1979 (Available from NTIS, Springfield, Va.)
Proc. of the Workshop on Economic and Operational Requirements and Status of Large Scale Wind Systems. Dep. of Energy, Washington, D. C., July 1979; Electric Power Res. Inst., Palo Alto, Cal., July 1979
Advanced Wind Energy Systems. Workshop Proc., Stockholm, Aug. 1974. STU Vattenfall, STU Investigation No. 52, 1976
Int. Symp. of Wind Energy Systems. Cambridge, England, Sept. 1976. BHRA-Fluid Engineering, Cranfield, England 1976
2nd Int. Symp. of Wind Energy Systems, Amsterdam, Oct. 1978. BHRA-Fluid Engineering, Cranfield, England 1978
3rd Int. Symp. on Wind Energy Systems, Copenhagen, Aug. 1980. BHRA-Fluid Engineering, Cranfield, England 1980
Seminar und Statusreport Windenergie. Jülich, Sept. 1974. Programmgruppe Systemforschung und Technologische Entwicklung 1974
Energiequellen für morgen? Nichtnukleare-nichtfossile Primärenergiequellen, Teil III: Nutzung der Windenergie. Programmstudie, durchgeführt im Auftrag des BMFT. Frankfurt/Main: Umschau-Verlag 1976
Energie vom Wind. Tagungsbericht, Bremen, Juni 1977. Deutsche Gesellschaft für Sonnenenergie 1977
Seminar und Statusreport Windenergie. In: Tagungsberichte des 3. Internationalen Sonnenenergieforums, Dtsch. Ges. f. Sonnenenergie, Hamburg, 24.—26. Juni 1980. Düsseldorf: VDI-Verlag 1980
Windenergie: Eine systemanalytische Bewertung des technischen und wirtschaftlichen Potentials für die Stromerzeugung der Bundesrepublik Deutschland. Durchgeführt im Auftrag der Internationalen Energieagentur. Berlin, Heidelberg, New York: Springer 1980. Eine völlig überarbeitete englische Fassung ist Anfang 1981 im gleichen Verlag unter dem Titel ,,Wind Energy: An Assessment of the Technical and Economic Potential. A Case Study for the Federal Republic of Germany, commissioned by the International Energy Agency" erschienen

Sachverzeichnis

Abfallprobleme 5
Abgase 4
Abschattung 11 ff.
Abstandsfläche 13
Abwärme 4 f.
Achse, horizontal 18, 28
Achse, vertikal 28, 34
aggregierbare Nachfrage 16
Allokation 124
Andreau Enfield 31
Anlauf 21, 23, 34, 29
—, Anstellwinkel 23
—, Drehmoment 23, 29, 32, 34
—, Drehmomentbeiwert 23
—, Hilfe 35
anlegbare Ausgaben 90, 94, 114
anlegbare Bauausgaben 117
Anpassung 26
Anpassungsprozeß 101
Anstellwinkel 23
Arbeitsbeschaffungsmaßnahmen 1
Atmosphäre 9
Aufstellung, optimale 13 f.
Aufstellungsorte 26
Aufteilung des Kapazitätseffekts 85
Aufzug 31
Aus-dem-Wind-drehen 23
Ausfallbürgschaft 100
Auslandsabhängigkeit 3 f.
Auslastung 52
Auslegeschnellaufzahl 21
Auslegung 10, 21 ff.

Ballungszentrum 4
Barwert 88
Barwertfaktor 92
Batterie 15, 47
Baugrundbeschaffenheit 126
Bauten 10
begünstigungsfähige Kraftwerke VI
Betz 18, 28, 32

Betzscher Grenzwirkungsgrad 20
Bewässerung 15
Bewertung 9
—, einzelwirtschaftliche 88
—, gesamtwirtschaftliche 88, 100
Bewertungsgrößen 115
Bewertungsparameter 92 f.
Biegespannungen 34
Binnenland 10
Biogas 3
Bodenfläche, verbaute 11
Bodenrauhigkeit 10
Brauchwasser 15
Break-even-costs 94
Brennstoff
—, Einsparung (Art) 67
—,— (Größe) 63
—, fossiler 51, 63, 91, 96
—, Kosten 33, 93
—, Kosteneinsparung 91, 112
—, Preissteigerung 5, 93
—, Zelle 15, 48

Carnot 17
Chi-Quadrat-Verteilung 25

Darrieus-Rotor 28, 34
Dichte 8
Doppelrotor 28, 33
Drehachse 20
Drehmomentbeiwert 21
Drehmomentübertragung 31
Drehzahl 25 f., 31
Drehzahländerung 22
Dreiecksgitter 12
Druckluftmotor 15
Druckluftspeicher 15
Druckölspeicher 15

Effizienz 19, 24, 33, 45

Einsparung von Brennstoffen 61 ff.
— Kraftwerkskapazität 68, 80 ff.
Einspeisungsrechte 120, 123
Einzelturbine 12
Elektrizitätsversorgung VI
Elektrolyse 15, 47
Endenergieverbrauch 3
Endlagerung 4
Energie
—, Ausbeute 29
—, Bedarf 3
—, Bewegungsenergie 8
—, chemische 15
—, Dienstleistung XI, 101
—, elektrische 6, 8, 14, 15
—, Importenergie 4
—, Jahresenergieproduktion 12, 25 f., 62
—, Kernenergie 4
—, kinetische 8, 15 ff.
—, Kohleenergie 4
—, mechanische 15 f.
—, Nachfrage 16
—, Niedertemperaturenergie 15
—, Nutzenergie 5 f., 15
—, Primärenergie 16
—, Produktion 11
—, Produktion und Windgeschwindigkeit 24 f., 62
—, Programm 3
—, Quellen, regenerative XIV, 3, 5
—, Sekundärenergie 16
—, Speicher 7, 15, 41 ff.
—, Strömung 9, 15, 17
—, Stromdichte 18
—, thermische 17
—, Träger XIV, 2, 15
—, Umwandlung 15
—, Verbrauch 3
—, Verluste 17
—, Versorgung 4 ff.
Energiewirtschaft 13
Energiewirtschaftsgesetz XIV, 2
Entwässerung 15
Entwicklungsprogramme V
Entwicklung von Windkraftanlagen 1f., 36
Erdöl 2, 91, 96 f.
Erhaltungssätze 20
Erzeugerländer 2

Faktoreinsatzverhältnis XI
Fehlspezifizierung 101
Fernsehbeeinträchtigung 102
finanzmathematische Parameter 93
fixe Kosten 90
Fläche, überstrichene 20
Flächenbedarf 10
Flächenbelastung, spezifische 27
Flauten 108
Flettnerschiff 28
Flügel 20
—, Breite 20
—, Kreisfläche 24
—, Länge 21
—, Spitze 20
Forschungsprogramme V f., 36 ff., 122
Frequenz 22

Gebietsmonopol XIII
Generator 14 f., 27
—, Größe 23 f.
—, Leistung, spezifische 10, 27, 107
—, Nennleistung 23
—, Verluste 23
—, vielpoliger 31
Geographie 13
geplante Stillegungen 104
Gesamtnetz 104 f.
Gesamtverbund 104
Gesamtwirkungsgrad 22
Geschwindigkeit 8
Geschwindigkeitsabminderung 20
gesicherte Leistung 69
—, Erhöhung der 69 ff.
—, Größe der 75
—, Grundlagen der 72 ff.
Getreidemahlen 32
Getriebe 27
Getriebeverluste 23
Giromill 28, 34
Gleichdruckluftspeicher 43
Gleichmäßigkeit 26
Gleitdruckluftspeicher 44
Grenzenergieertrag 12
Grenzenergiekosten 12
Grenzkosten V f., 6, 123
Grenzproduktionskosten 4, 123
GROWIAN 10, 37, 104, 117, 121
Grundlast 90
Grundstückspreise 126

135

Heizung 15
Hochrechnung 10
Hochspannungsnetz 13, 110, 113
Höhenwindkraftwerke 32
H$_2$/O$_2$-Kraftwerke 48

Importabhängigkeit 4 ff., 36
Importkohle 4, 96
Industrieländer 2
Informationsmonopol XIII
Informationsvakuum XIII
Infrastruktur 13
Inselbetrieb 16 f., 33, 47
Integrationsmodell XV, 49 ff.
Internationale Energieagentur V, 104
Investitionszulagengesetz VI

jährliche Variation 106 f.
Jahresdurchschnitts-Windgeschwindigkeit 10, 25, 61 f., 81, 105 ff., 115
Jahresenergieproduktion 39 f., 106 ff.

Kältemittel 15
Kalkulationszinsfuß 92
Kapazitätseffekt 59, 68 ff., 80 f., 89
—, Art des 84
—, Größe des 80 ff., 104 ff., 112
—, Wert des 98
— von Speicherkraftwerken 85 ff.
Kapitalaufwand 2
Kenngrößen
—, Bewertung 115
—, Brennstoffspareffekt (Art) 67
—,— (Größe) 63
—, Kapazitätseffekt (Art) 84
—,— (Größe) 80
—, konventionelles Kraftwerkssystem 53
—, Speichersystem 53
—, Stromnachfrage 53
—, Windenergiepotential 9 ff.
—, Windenergieproduktion 61
—, Windkraftwerkssystem 54
Kernbrennstoffe 4, 90 f., 96
Kessel 17 f.
Kettenlinie 34
Kilowattstunde 8
Knappheit
—, Arbeitskräfte XII
—, Energie XII

—, Kapital XI
Kohle 4, 90 f., 96
konkav 25
Konkurrenzfähigkeit 6, 120 f.
Kontrollstation 11, 111
konventionelle Kraftwerke 11, 17, 53, 68, 112 f.
Konzentration 4
Korrekturfaktor 94
Kosten
—, Batteriespeicher 47
—, Betriebskosten 89 f., 93, 117
—, Brennstoff 96 f.
—, Elektrolysespeicher 47
—, Fixkosten 89 ff.
—, Leitungskosten 102, 117 f.
—, Luftspeichergasturbine 45
—, Pumpspeicher 42
—, Schätzung 6, 93, 96
—, Schwungradspeicher 46
—, Sozialkosten 100, 118
—, Steigerung 93
—, Unterhaltskosten 93, 117
—, variable 89 ff.
—, Vergleich 4, 96
—, Windkraftanlage 39 ff.
Kraftübertragung, pneumatisch 31
Kraftwerkseinsatz 52, 57, 67
Kraftwerkszubau 69 ff.
Krisensituation 4
Kühlsystem 17 f.
Kühlung 15
Küstengebiet 10, 104, 106
Küstennetz 105
Küstenverbund 104

Lärmproblem 101
Langsamläufer 21, 28, 32, 35
Lebensdauer 92, 94 ff.
Leistung 19
—, abnehmbare 20, 24
—, elektrische 8
—, Generator 22
—, Generatornennleistung 23 f.
—, gesicherte 69
—, installierte 3, 6, 14, 62
—, Leistungsbegrenzung 34
—, Leistungsbeiwert 20 ff., 26
—, maximale 19, 21
—, momentane 26

—, Regelung 29
—, Rotornennleistung 23
—, spezifische Flächenleistung 23, 62
—, verfügbare 68 ff.
Leitungskosten 117 ff.
Leitungssystem 110 ff.
Leitungsverluste 18
Luft
—, Dichte 8, 24
—, Druck 8
—, Reibung 20
—, Strömung 8, 11, 15, 19
—, Volumen 8, 19
Luftspeicher 43
—, Gasturbine 45
—, Vergleich von 44

Mahlwerk 14 f.
Markt
—, Durchsetzung 119
—, Einführungsprogramm V, 6, 120 ff.
—, System XIII, 123
—, Unvollkommenheit 100
Marktwirtschaft 123
Masse 8
Materialaufwand 29
Materialermüdung 22
Meßstation 10
MHG-Windkraftanlage 28, 35
Mindestabstand 10 ff.
Mindestdrehmoment 23
Mittellast 90
Modellergebnisse 59
Montage 31

Nabenhöhe 10
Nachfrageschwankung 49, 58
Nenndrehzahl 23 ff.
Netzanbindung 111
Newtonmeter 8
Nichtverfügbarkeit 68, 78
Nordseeküste 14, 37 f.
Normalbetrieb-Anstellwinkel 23
Nutzung der Windenergie 5, 14 ff.
——, direkte 14, 17
——, großtechnische 14, 16 f.
——, zentralisierte 14, 16 f.

Ölkrise 2
Ölmotor 15

optimale Aufstellung 13 f.
optische Beeinträchtigung 102
Ortskern 13
Ostseeküste 14

Parametervariation 107
Potential XV, 8 ff., 113, 119
Preisgünstigkeit 3
Primärenergie
—, Aufkommen 3
—, Einheit 66
—, Verbrauch 3 f.
Privatmittel 6, 122
Produktionsanpassung 58
Produktionsfaktor XI
Produktionszuwachs 4
Prognose 6
Projektion 3 f.
Prototyp 6
Prozesswärme 15
Pumpe 14 f.
Pumpspeicher 15
—, deutscher 42
—, hydraulischer 41

Quirl 15

Radebene 19
Rechtsfragen 120, 126
Referenzhöhe 10
Referenzqualität 2
Regelbarkeit 125
Regelung, elektronische 22, 26
Regelungsanforderungen 50, 53
Regelungsaufwand 63 f.
Regelungseinrichtung 27
Regelverluste 23
regenerative Energiequelle XVI, 36
Regionalmonopol 123
Reserveleistung 69
Resonanz 22
Ringgenerator 33
Rotor 18 ff.
—, Achse 27
—, Blatt 27
—, Drehzahl 22, 37 f.
—, Durchmesser 11, 37 f.
—, Fläche 24, 37 f.
—, Nabe 27

137

—, Querschnitt 23
—, Radius 21
—, ummantelter 28 f.
—, Welle 34
Rücklauftemperatur 17
Rural Electrification Act 1, 33

Sättigungstendenzen 3
saisonale Schwankung 107
Sammelleitung 111
Savonius-Rotor 28, 35
Schadstoffe 4
Schätzungen 3
Schichtung, thermische 10
Schnelläufer 21, 28, 34
Schnellaufzahl 20, 25 ff.
Schwingungsproblem 29, 31
Schwingungsresonanz 25
Schwungrad 15
—, Eigenschaft 57
Segelwagen 28
Seitenwindrad 24
Sensitivitätsanalyse 97, 116
s-förmig 26
sichere Energie 85
sichere Leistung 85
Sicherheitszone 11
Simulation der Energieversorgung 54 ff.
Sonderabschreibung 100 f.
Sonnenenergie 3, 9
Sozialkosten XVIII, 120
—, der Windenergie 101 ff.
Sozialkosten-Nutzenanalyse 100
Spannung 22
Speicher 15, 41 ff., 108
—, Einsatz 49, 52, 58
—, Möglichkeit 16
—, Nutzung 108
—, Problem 16
—, Schwungrad 15, 46 f.
—, Strategie 85
—, System, Kenngrößen 53
—, Verluste 64
—, Vermögen 44
spezifische Generatorleistung 107
Spitzenlast 90
Staatszuschuß 100
Standardabweichung 70 f., 82
Standortsicherungsverfahren 126
Standortvorsorge 120, 125

statistische Unabhängigkeit 86
Steuermittel 6
Stichleitung 112
Störung 104
Straße 13
Strom 15, 19
—, Abnahme 16
—, Bruttostromerzeugung 5
—, Erzeugung 16
—, Kosten 96, 124
—, Leitung 33, 111
—, Nachfrage, Kenngrößen 53
—, Preise 4
—, Sektor 4
—, Verbrauch 3
—, Versorgungsleitung 16
—, Versorgungssystem 4
Sturmsicherheit 32
Sturmsicherung 23, 27, 34
Subvention 100, 120
SWING-Modell 56

Tarifstruktur 120, 123
Technik der Windkraftanlage 18, 38ff., 56
technische Parameter 93 ff.
technologische Innovation 120
Temperatur 8, 17
Thermikturm 28, 36
thermische Kraftwerke 8, 17
Thermodynamik — Hauptsätze 17
Topographie 13
Tornado-Windkraftanlage 28, 35
Transportkosten 33
Trinkwasserversorgung 15
Turbine 15 f.
Turm 11, 27

Überlandleitung 11, 16, 111 f.
Überlastung 29
Überproduktion 65
Umdrehungen pro Sekunde 21
Umdrehungszahl 20 f., 33
Umwandlung 5f., 17 f.
—, großtechnische 6, 14 f.
Umwandlungseffizienz 10
Umwandlungsverluste 20
Umwandlungswirkungsgrad 17, 66, 105
Umweltbelastung 2 ff.
Unregelmäßigkeit 16

unsichere Energie 85
Uran 4, 96

Variabilität 10
variable Kosten 90
Verbindungsleitung 111
Verbraucher 14
Verbrauchsregion 16
Verbrennungsmotor 18
Verbundbetrieb 16 f., 26
Verbundleitung 16, 65, 111
Verbundsystem 16, 111
verfügbare Leistung 68
—, Standardabweichung der 70 f.
Verfügbarkeit 52, 56, 63
Verknappung 2, 101
Verlust 17
Vermessung 12
Versorgungsnetz 16
Versorgungssicherheit XIV, 2 f., 16, 69, 73, 100
Verstellbarkeit 23, 29
Verteilung der Windenergieproduktion 78
Verwindung 20
Vibrationsproblem 29
Vorlauftemperatur 17
Vorleistung 120

Wachstum 3
Wärme 15
Wärmepumpe 15, 32
Wärmespeicher 15
Wartungsproblem 30
Wasser 15
Wasserdampf 17
Wasserspeicher 15
Wasserkraft 6
Wasserkraftwerke VI
Wasserstoff 15
Wasserstoffspeicher 15
Wechselstromerzeugung 22
Wegleitung 11, 111
Welle 31
Wert von Windkraftwerken 89 ff., 114
Wettbewerbsfähigkeit 5
Wetterlage 8
Wiederaufbereitung 4
Windangebot 26
Windcharger 28, 32

Windenergie
—, Bestimmungsgrößen der Windenergieproduktion 61
—, Forschung 6
—, Glättung von Schwankungen 57
—, Gleichmäßigkeit der Windenergieproduktion, 38
—, Integration von 7, 49 ff.
—, integriertes Windenergieproduktionssystem 50 f.
—, kinetisches Potential der 25
—, natürliches Angebot der 8 f.
—, natürliches Potential der XV, 8 f.
—, nutzbare 65
—, Nutzung 122
—, Potential der 5 ff.
—, Schwankung 49, 56
—, Simulation der Windenergieproduktion 54 f.
—, technisches Potential der XV, 5, 9 ff.
—, Überschuß 16
—, Umsatz 7
—, Vergleichmäßigung der Windenergieproduktion 41
—, wirtschaftliches Potential der 9 f., 119 ff.
Windenergiekonverter 15
Windfeld 8
Windgeschwindigkeit 24, 104 ff.
—, Abminderung 11 f.
—, Anlaufwindgeschwindigkeit 26
—, Höchstwindgeschwindigkeit 23 f.
—, Messung 10
—, Mindestwindgeschwindigkeit 23 f.
—, Nennwindgeschwindigkeit 22 ff.
— und Energieproduktion 24, 62
—, Verteilung 25
Windkanalversuch 12
Windkraftanlagen 10, 27 ff., 36 ff.
—, Kenngrößen von 36
—, Klassifizierung von 27
—, Komponenten von 27
—, Kosten von 39 f.
— mit horizontaler Achse 28, 37
— mit vertikaler Achse 34, 38
—, Produktion von 39 f.
—, Technik der 18, 38 f., 56
—, Typen 28
—, Vergleich von 38

Windkraftanlagenpark 12
Windkraftwerk 37 ff.
—, Bewertung von 88 ff.
—, Kenngrößen von 54
—, Wert von 89 ff., 114
Windkraftwerksleistung 25
Windkraftwerksnetz 111
Windkraftwerksprototyp 6, 37 ff.
Windkraftwerksverbund 65, 82, 105
Windmühle V, 1, 14 f., 28, 32
Windrad 19, 32
Windrechte 120, 126
Windrichtung 13 ff.
Windschatten 11
Windturbine 18
Windverhältnisse 9
Wirbelbildung 20

Wirkungsgrad 8, 18, 29
—, Batteriespeicher 47
—, Elektrolysespeicher 47
—, hydraulischer Pumpspeicher 41
—, Luftspeicher 44
—, Schwungradspeicher 46

Zentraler Grenzwertsatz 74
Zentrifugalkraft 34
Zielvorstellung 5
Zubau 16
Zufahrtsweg 11
Zugkraft 34
Zuleitung 11
Zusatzrotor 28, 32
Zuwachsrate 3
Zyklonwirbel 35

Windenergie

Eine systemanalytische Bewertung des technischen und wirtschaftlichen Potentials für die Stromerzeugung der Bundesrepublik Deutschland

Von L. Jarass, L. Hoffmann, A. Jarass, G. Obermair

1980. 136 Abbildungen, 62 Tabellen. XIII, 272 Seiten
Gebunden DM 88,–
ISBN 3-540-09932-8

Inhaltsübersicht: Die Windenergie innerhalb der zukünftigen Energieversorgung der Bundesrepublik Deutschland. – Determinanten der Windenergienutzung. – Untersuchungsbereich der Studie. – Die Windverhältnisse in der Bundesrepublik Deutschland. – Umwandlung von kinetischer Strömungsenergie (Windenergie) in elektrische Energie. – Herkömmliches Energieversorgungssystem. – Swing: Ein Simulationsmodell zur Integration von Windenergie in die Stromversorgung. – Brennstoffeinsparung durch Windkraftwerke. – Einsparung von Kraftwerkskapazität durch Windkraftwerke (Kapazitätseffekt). – Zusammenfassung I: Brennstoffeinsparung und eingesparte konventionelle Kraftwerksleistung (Kapazitätseffekt). – Bewertung der Brennstoffeinsparung und der eingesparten konventionellen Kraftwerksleistung. – Zusammenfassung II: Anlegbare Bau- und Betriebsausgaben von Windkraftwerken. – Kurzfassung der Studie und ihrer Ergebnisse. – Literaturverzeichnis.

Das Buch beruht auf dem Schlußbericht eines Forschungsauftrags der Internationalen Energieagentur und des Bundesministeriums für Forschung und Technologie. In ihm war zu untersuchen, wie das starken Fluktuationen unterliegende Windenergieangebot, die regelmäßig schwankende Stromnachfrage, die Zusammensetzung und die Regelungseigenschaften des existierenden Kraftwerk- und Speichersystems wirtschaftlich optimal aufeinander abgestimmt werden können. Als Ergebnis der systemanalytischen Untersuchung können die je Windkraftwerk erzielbaren Einsparungen an nicht regenerativer Energie und an konventioneller Kraftwerkskapazität ermittelt werden. Die Bewertung erfolgt mit den branchenüblichen Kostenprojektionen und führt zu einer genauen Abschätzung der Konkurrenzfähigkeit der Windenergie.

Die insgesamt positiven Aspekte führten Anfang 1980 zu einer Presseerklärung des Bundesministers für Forschung und Technologie, worin er dem Wind, abweichend von der bisherigen Geringschätzung, eine mit der Wasserkraft vergleichbare Bedeutung für die zukünftige Energieversorgung zusprach.

Springer-Verlag
Berlin
Heidelberg
New York

Wind Energy

An Assessment of the Technical and Economic Potential
A Case Study for the Federal Republic of Germany,
Commissioned by the International Energy Agency

By L. Jarass, L. Hoffmann, A. Jarass, G. Obermair

1981. 122 figures. 224 pages
Cloth DM 74,–
ISBN 3-540-10362-7

Contents: The Possible Position of Wind Power within the Future Energy Supply of the Federal Republic of Germany. – Determinants of Wind Power Utilisation. – Research Goals of the Study. – Wind Conditions in the Federal Republic of Germany. – Conversion of Kinetic Energy (Wind Power) into Electrical Energy. – The Conventional Energy Supply System. – SWING: A Simulation Model for the Integration of Wind Power into the National Grid. – Fuel Saving Through the Use of Wind Power Plants. – Displacement of Power Plant Capacity by Wind Power Plants (Capacity Credit). – Summary I: Fuel Saving and Displacement of Conventional Power Plant Capacity. – Evaluation of Fuel Saving and Displaced Conventional Power Plant Capacity. – Summary II: Break-Even-Costs of Investement and Maintenance for Wind Power Plants. – Executive Summary. – Bibliography. – Index.

This book contains new results in the technical and economic assessment of wind energy within the electricity supply system of the Federal Republic of Germany and comparable countries.
The supply of wind energy fluctuates strongly and irregularly, while the electric power demand exibits regular daily and seasonal variations. For an economic optimum power delivered from the conventional power supply system must be adapted at all time to the momentary wind energy supply and the total demand, taking into account the composition and the control characteristics of the existing system of power stations and storage.
These investigations lead to an assessment of the fossil fuel savings and the savings in conventional power plant capacity. The savings are evaluated with cost projections used by the utilities and allow the determination of the break-even-cost for wind power plants. On the basis of this evaluation the potential contributions of wind power to the electricity supply of the Federal Republic of Germany is shown to be comparable to hydro power.

Springer-Verlag
Berlin
Heidelberg
New York

MIX
Papier aus verantwortungsvollen Quellen
Paper from responsible sources
FSC® C105338

If you have any concerns about our products,
you can contact us on
ProductSafety@springernature.com

In case Publisher is established outside the EU,
the EU authorized representative is:
**Springer Nature Customer Service Center GmbH
Europaplatz 3, 69115 Heidelberg, Germany**

Printed by Libri Plureos GmbH
in Hamburg, Germany